AI机器人创意搭建与 mBlock 5 慧编程

周迎春 著

人民邮电出版社

北 京

图书在版编目（CIP）数据

AI机器人创意搭建与mBlock 5慧编程 / 周迎春著
. -- 北京 ： 人民邮电出版社，2020.7（2023.3重印）
ISBN 978-7-115-53845-1

Ⅰ. ①A… Ⅱ. ①周… Ⅲ. ①智能机器人－程序设计
－青少年读物 Ⅳ. ①TP242.6-49

中国版本图书馆CIP数据核字(2020)第065602号

◆ 著　　　　周迎春
责任编辑　李永涛
责任印制　王　郁　马振武
◆ 人民邮电出版社出版发行　　北京市丰台区成寿寺路11号
邮编　100164　电子邮件　315@ptpress.com.cn
网址　https://www.ptpress.com.cn
北京虎彩文化传播有限公司印刷
◆ 开本：700×1000　1/16
印张：10.25　　　　　　2020年7月第1版
字数：155千字　　　　　2023年3月北京第4次印刷

定价：49.80元

读者服务热线：(010)81055410　印装质量热线：(010)81055316
反盗版热线：(010)81055315
广告经营许可证：京东市监广登字 20170147 号

内容提要

人工智能技术已经取得了长足发展，它将导致众多产业发生革命性的变化。在许多国家，人工智能已上升为国家战略，并作为实现国力提升的重要途径。在憧憬人工智能作为手段或工具给我们带来便利的同时，为提升学生的素质教育，我们亟须构建实操性强、学生感兴趣的人工智能基础课程。

本书集作者多年来 STEM 课程群构建的亲身实践经验，以及历时一年多的实践研究编撰而成。其中，基于普惠性、实操性、趣味性三大原则构建的 28 个 AI 机器人搭建与智慧编程项目能为孩子带来"发现的喜悦"。

本书打造了实操性好、趣味性强、实施成本低、易于大范围推广的人工智能课程体系，涉及的主要硬件有 Makeblock 的游侠机器人和光环板组件等，整班实施器材配备不超过 5 万元，为中小学人工智能教育的开展提供了借鉴与参考。

本书旨在给各地普惠型人工智能课程的普及化实施提供有益的借鉴，让学生能亲身体验人工智能的神奇魅力，从而培养和提升他们面对未来的科学素养。

前言

INTRODUCTION

　　人工智能被添加了商业属性后，其发展的速度可以用突飞猛进来形容，很多发展都超越了我们的认知。面对不可预知的变化，积极的姿态显然就是去适应时代的变迁，拥抱行业的变化。此时，如果我们的课程还墨守成规，对这一切还视而不见，那么我们的培养对象将无法适应未来的变化。

　　人工智能教育的核心在课程。我国现有的中小学信息技术课程中，对人工智能的知识只做了简单介绍。一些发达地区的学校已有一些社团在开展人工智能方面的教学实践，总体上看，受适配课程、师资、硬件设备等条件的制约，中小学仅有极少数学校全面开设了专门的人工智能课程。

　　综上所述，一线教师急需一套能唤醒学生对人工智能的好奇心、让学生获取对前沿科技的鲜活体验的人工智能创新课程，让学生眼前一亮，拓展其视野，使其感受到发现的喜悦。纵观市面上现有的一些人工智能课程，普遍存在重理论轻实践、操作性差、公司壁垒强、投入高普及难、学生缺乏直接体验等弊端。

　　本书的理念是立足普惠性、增加趣味性、突出实操性，目的是有效解读前沿技术，让学生既能从课程中了解人工智能的前沿信息，又能通过亲身实践获取 AI 直接体验，激发他们对人工智能的好奇心。

- 基于普惠性原则，本书采用多元化的开源 Arduino 及 AI 软件平台进行人工智能教学课程创设实践，突破软硬件的公司化壁垒。例如，采用 IBM、腾讯、百度等的 AI 平台和手机智能 App 等进行机器学习，获取 AI 体验。另外，选择性价比较高的开源硬件，结合其提供的 AI 模块控件，编写程序实现创意。普班化教学以 25 套器材计算（2 人一套），总投入不超过 5 万元。由于硬件开源，如果学校有类似的开源硬件，也可以部分替代，从而大幅度减少资金投入。

- 基于趣味性原则，课程的创意从学生的立场出发，许多原创的人工智能案例能让学生眼前一亮，拓展学生的视野和想象力，让学生每节课都体验发现的喜悦。

- 基于实操性原则，课程的 28 个课例中，每节课都有学生操作的任务，在操作过程中，学生将在程序的编写乃至外围硬件的融合运用中反复经历失败和成功，在迭代演进的过程中模拟科学家探索未知领域的心路旅程。

本书共分 6 篇，大致内容简要介绍如下。

- 第 1 篇 AI 平台初体验：带领学生参与各大 AI 平台进行互动体验，了解并掌握一些智能 App 的实际运用。

- 第 2 篇 深度学习巧编程：带领学生进入 AI 平台，领悟机器学习的真谛，让学生亲手建立"大数据"并在 Scratch 中调用，完成 AI 创意项目。

- 第 3 篇 语音图像智辨篇：通过实战编程完成一些语音、文字、单词识别项目。

- 第 4 篇 颜色障碍慧识篇：完成智能驾驶机器人、智能辨色分拣机器人、车站智能围栏等实景增强制作项目。

- 第 5 篇 AI 智慧编程进阶篇：包含智能义掌、智行拉杆箱、智扫机器人、智伴蓝精灵等项目，夺人眼球的程序赋能类创新课程项目将等待学生去实践，让他们感受人工智能蕴含的智慧火花。

- 第 6 篇 教学案例篇："3D 智能垃圾箱模型构建"运用 3ds Max 构建模型实现创意原型再现，"垃圾分类智能识别"则涉及工程设计、智慧编程及机器学习等跨学科内容，上述案例一脉相承，且均在省市公开课中多次展示。

如果需要本书相关素材资源，请与作者联系（QQ：50108461）。

周迎春

2020 年 2 月

目录 CONTENTS

▶ **第1篇** ◀ **AI 平台初体验** **1**

第 1 课　文字交流机器人 1

第 2 课　语音问答机器人 3

第 3 课　形色识花 7

第 4 课　听歌识曲 11

第 5 课　行程规划 14

▶ **第2篇** ◀ **深度学习巧编程** **17**

第 6 课　AI 平台账号注册 17

第 7 课　深度学习 AI 调用 22

第 8 课　深度学习 AI 应用 28

第 9 课　"石头剪刀布"游戏制作 37

▶ **第3篇** ◀ **语音图像智辨篇** **43**

第 10 课　猜单词小歌 43

第 11 课　智能密码锁 47

第 12 课　智能语音控制台灯 ·· 50

第 13 课　智能起床提醒装置 ·· 55

第 14 课　智能语音控制机器人 ·· 58

第 15 课　智能语音识别垃圾分类装置 ·································· 61

第 16 课　猫尾机器人 ·· 65

第 17 课　芝麻开门 ·· 72

▶ 第 4 篇 ◀　**颜色障碍慧识篇** ································· **75**

第 18 课　智能驾驶机器人 ·· 75

第 19 课　车站智能围栏 ·· 82

第 20 课　紧急停车警示智能放置装置 ·································· 87

第 21 课　智能辨色分拣机器人 ·· 93

第 22 课　观色搬运机器人 ·· 97

▶ 第 5 篇 ◀　**AI 智慧编程进阶篇** ························· **104**

第 23 课　智分垃圾箱 ·· 104

第 24 课　智能义掌 ·· 111

第 25 课　智行拉杆箱 ·· 119

第 26 课　智扫机器人 ·· 124

第 27 课　智能售货机 ·· 129

第 28 课　智伴蓝精灵 ·· 137

▶ 第 6 篇 ◀ **教学案例篇** **141**

案例 1　3D 智能垃圾箱模型构建 141
案例 2　垃圾分类智能识别 146

附　录 **151**

附录 1　本书配套硬件清单 151
附录 2　配套器材推荐及说明 152

第1篇

AI 平台初体验

第1课　文字交流机器人

任务导航	学会在智能手机上关注相关公众号，体验智能聊天机器人的神奇魅力，了解智能聊天机器人的发展历程及主要功能。
问题思考	你希望有一个能随时陪你聊天的机器人吗？你希望它能实现哪些功能？

小试身手

一、形式多样的智能助理

　　1．苹果 Siri

　　Siri 是苹果公司在其 iPhone 产品上应用的一项语音控制功能。Siri 可以令 iPhone 变身为一台智能化机器人。利用 Siri 可以通过手机读短信、查询餐厅、询问天气、语音设置闹钟等。Siri 支持自然语言输入，并且可以调用系统自带的天气预报、日程安排、搜索资料等应用。还能够不断学习新的声音和语调，提供对话式的应答。Siri 技术来源于美国国防部高级研究规划局所公布的 CALO 计划：一个让军方简化处理一些杂务，并具有学习、组织和认知能力的数字助理，Siri 虚拟个人助理是其所衍生出来的民用版软件。

2. 百度度秘

度秘（Duer）是手机百度 6.8 版中推出的机器人助理。度秘在广泛索引真实世界的服务和信息的基础上，依托百度强大的搜索及智能交互技术，通过人工智能用机器不断学习和替代人的行为，度秘媲美专职秘书，为用户提供各种优质服务。度秘内嵌在手机百度 App 中，百度地图、百度糯米等百度系 App 服务也将与度秘深度结合。百度也将把度秘所代表的服务能力全面开放，其他非百度系的合作伙伴也可以在他们的服务和应用中，用度秘来帮助他们更好地服务用户。目前，度秘已在餐饮、电影、宠物三个场景中提供秘书化服务，很快将延伸到美甲、代驾、教育、医疗、金融等其他行业中。

二、邀请聊天机器人大白成为智能助理

（1）在智能手机上打开微信，点击右上角的"⊕"号，然后点击"添加朋友"。

（2）进入添加朋友界面后，点击下方的"公众号"。

（3）搜索"聊天机器人大白"后，关注该公众号。

（4）现在可以愉快地和大白进行聊天了。

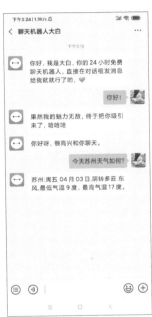

 微信搜索并关注"小度机器人"等公众号，网络搜索相关资讯，用 PPT 或 Word 完成一份有关介绍小度聊天机器人或自动聊天机器人的文档，介绍其主要功能及体验感悟。

第 2 课　语音问答机器人

 安装调试 AI 语音问答机器人组件，体验语音 AI 问答并了解其基本原理。

 你跟语音 AI 机器人交流过？你认为语音 AI 机器人为什么可以跟人类一样理解你的语言，并且能正常回答所提出的问题或进行其他交流吗？

一、MXPVT-VBS7100 工程板

MXPVT-VBS7100 是上海庆科推出的一款以 MX1290 和 MX1200 双处理器为核心的嵌入式物联网音频产品工程板，因涉及语音识别及信息（如歌曲等）的下载，所以需要连接网络。以下问答简表供参考，联网成功后可以根据语音提示进一步"开发"MXPVT-VBS7100 工程板的功能。

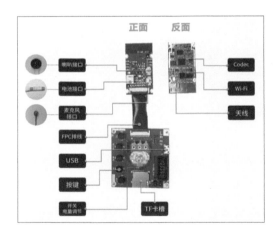

名称	问法信息
听动物的声音	听动物的声音 大象的叫声
欣赏歌曲	请唱一首 我的祖国
历史故事	我想听 水浒传 我想听 司马光砸缸
笑话	讲个笑话 背一下岳阳楼记
下雨的声音	下雨的声音 来个下雨的声音
唐诗 300 首	我要听李白的诗 我想听静夜思
幼儿故事	我想听 国学启蒙 我想听 卖火柴的小女孩
问天气	今天天气怎么样 苏州天气如何
英文翻译	兔子用英语怎么说 翻译一下 我爱北京天安门
……	更多技能自己去探索

二、组装调试

（1）目前，上述语音 AI 套件仅支持 AT 指令配网方式，因此需要购入 USB 转 TTL、USB 转串口和 3 条杜邦线等配件。

安装硬件时建议采用驱动精灵的方式。

（2）硬件连接如下图所示。

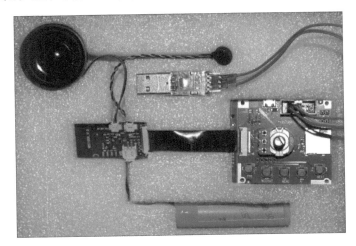

（3）安装软件配网调试。

- 下载 ComTool V1.31 并安装到计算机。
- 以管理员身份运行 ComTool 串口调试软件并进行设置。选择的串口必须与计算机设备管理器中端口一致，波特率为"115200"，数据位为"8"，校验位为"NO"，停止位为"1"，如下图所示。

- 发送配网指令。在调试软件窗口右侧，任意选择一个标签，勾选"回车行发送"右边的复选框，然后编辑 AT 指令：AT+WSP=WiFi 用户名，密码（如 AT+WSP=tianming,kkll4586）。最后单击"发送配网指令"即可完成配网。

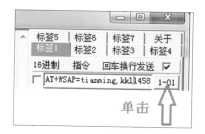

三、体验语音 AI

（1）旋转电位器打开电源开关后，系统会提示"联网成功"。

（2）按下"AI"按钮，发出"滴"声后可以与语音智能机器人进行对话了。

在与上述语音 AI 智能机器人交流中，多次要求其播放"沙漠骆驼"，开始一直提示"没有找到"，然后过几天居然可以播放了，你认为可能是什么原因？

第 3 课　形色识花

任务导航	下载并使用百度 App、微信"识花君",浏览腾讯 AI 平台并上传图片进行智能识别,在各类 AI 平台上体验人工智能的神奇本领。
问题思考	你玩过微信"识花君"或者百度 App 来识别未知植物或者花卉吗?你觉得这些人工智能小程序是如何具备这些本领的?

一、下载百度 App,找寻未知植物

百度 App 是结合了搜索功能和智能信息推荐的移动互联时代的智能产品,以用户需求为基础提供更加丰富和实用的功能。其主要功能介绍如下。

- 智能搜索:提供网页、图片、新闻、地图、视频、知道、百科、音乐、文库等,利用百度优质的搜索资源,让搜索结果更精准,搜索历史、搜索建议可为用户简化输入操作,搜索信息更快捷。
- 语音搜索与语音播报:精准识别高效搜索,中文的语音识别,更人性化的搜索设计让用户解放双手,中文识别准确率高达 98%;支持语音指令获取天气、音乐、儿童故事,资讯信息随时畅听。
- 图像搜索:拍张照片就能搜索,结合 IDL 技术,识别明星脸、动植物品种、图书信息、中英互译、作业难题都不在话下,准确率高达 95%。

(1) 下载百度 App 并安装到智能手机。

(2) 启动百度 App 程序,点击搜索栏右侧的相机图标,如下图所示。

（3）手机摄像头对准未知植物进行拍照，百度 App 即显示该植物的
学名。

在计算机上运用"百度图片"找寻植物种类也是可以的，不过需要事先拍
摄好植物的照片，感兴趣的读者可以在网上寻找"攻略"来体验一下。

二、下载微信"识花君"，了解花卉品种

（1）在智能手机微信程序中点击"发现"中的"小程序"，在搜索栏
中输入"识花君"，搜到的结果如下图所示。

（2）点击"识花君"进入小程序。

（3）点击"拍照识花"，对着植物拍摄一张照片后即可显示植物的品种及百科。

三、腾讯 AI 平台

腾讯 AI 平台有 OCR(光学字符识别)、人脸与人体识别、图片特效、图片识别、机器学习、语音合成、语音识别等功能。

下面我们体验"图片识别"中的看图说话功能。

点击"本地上传"把我们事先下载或拍摄的照片上传,右边即会出现 AI 想说的"话",下面这张图片显示的"话"是"山脚下的房屋和湖水"。

可以继续尝试体验腾讯 AI 开放平台的其他功能。

除了上述 AI 程序或平台外,你还了解或体验过哪些好玩的人工智能小程序或软件平台?

第 4 课　听歌识曲

	下载并安装"酷狗识曲"或"QQ 音乐"App，体验听歌识曲与哼唱识别。
	大街上听到一段动听的歌，你是如何下载到你的计算机或手机上的？现在有智能 App 一"听"就能迅速找到歌曲的名称和下载链接。你知道它为什么会如此神通广大？

一、下载"QQ 音乐"App，安装后进行哼唱识别

（1）在计算机中或在手机应用商店下载 QQ 音乐 App。

（2）安装 QQ 音乐 App。

（3）打开 QQ 音乐 App，点击右上角的标志（如下图左所示），即可听歌识曲或哼唱识别。

（4）哼唱自己喜欢的歌曲去考考 QQ 音乐吧。

二、下载"网易云音乐"App，安装并尝试识别歌曲

（1）下载并安装网易云音乐 App。

（2）安装并运行网易云音乐，单击左上角的标志后选择"听歌识曲"。

（3）用百度音乐或酷狗播放你熟悉的歌曲，尝试让"网易云音乐"进行辨别。

三、下载"酷狗识曲"App，安装并进行乐曲的识别

（1）参照上述方法下载并安装运行"酷狗识曲"App。

（2）运行酷狗识曲并尝试识别乐曲。

四、三款听歌识曲 App "智商"测试

分组对听歌识曲 App 进行"智商"测试（将测试得分情况填写到下表相应空格处，如能正确识别得 1 分，无法识别或识别错误得 0 分，总用时最少的得 3 分，以此类推）。

项目	App			
	QQ 音乐	网易云音乐	酷狗识曲	……
播放歌曲				
哼唱歌曲				
播放乐曲				
识别乐曲总用时				
总得分				

五、深入了解听歌识曲功能的由来

目前，听歌识曲功能的实现，主要是通过提取大量歌曲的声纹信息，存放在数据库中，用于识别音频片段，然后通过麦克风获得用户需要识别歌曲片段的声纹，允许混杂一些噪音，通过比对来识别歌曲，哼唱识别与乐曲识别的原理类似。声纹数据库中的歌曲数量直接影响辨识歌曲的正确率。

 除了上述三款听歌识曲软件外，你还能找到其他 App 并下载运行尝试吗？通过测试比比哪款软件功能最强大？想一想为什么？

第 5 课　行程规划

 下载并运行"穷游行程助手"，模拟规划自助游行程，体验 AI 带来的生活便利。

 行程智能规划需要哪些数据？你认为智能行程助手还可以应用在哪些方面？

一、了解"穷游行程助手"

旅行者自己规划行程一直是个非常麻烦的过程：需要阅读旅行指南或访问旅行社区来查找攻略；需要在不同的机票、酒店、签证、租车等网站上预订服务；旅行中需要借助地图导航网站和一些 O2O 网站进行旅行消费。整个过程烦琐耗时，尤其是一些从未出国出境的用户还要面临语言、文化、安全等问题。一边是自由行用户持续增长的刚需，一边是并不省心舒适的行程规划体验，在这样的背景下，穷游行程助手诞生了。穷游行程助手是穷游网出品的一款行程规划工具 App，旨在为旅行者提供美妙的行程规划体验。行程助手不仅可以帮助用户规划行程，还可以为用户提供酒店、交通、购物等一站式完美解决方案。

穷游行程助手为用户提供了几百万份行程，覆盖 200 多个国家和地区的经典行程。支持一键复制行程、移动端随时编辑等功能。同时，行程助手还具有创建行程功能，用行程助手选择自己要去的城市，将其中自己喜欢的景点、酒店、交通等添加到行程，就可以制定自己的行程。

二、下载安装"穷游行程助手"，运行助手了解如何建立行程

（1）搜索"穷游行程助手"并下载安装。

（2）点击"如何创建一个行程？"可以了解行程规划的具体步骤和要点。

三、模拟创建一个新的行程

（1）利用"穷游行程助手"创建成都五日游行程。

DAY1：苏州—成都

DAY2：天府广场—春熙路大熊猫繁育研究基地—成都博物馆

DAY3：武侯祠—青羊宫—宽窄巷子—成都人民公园

DAY4：杜甫草堂—成都欢乐谷—金沙遗址博物馆

DAY5：成都—苏州

（2）确定出发日期及返程日期，点击"下一步"后选择境内成都。

（3）单击 DAY2、DAY3、DAY4 分别更改单日景点，增加食宿安排。各相邻景点及住宿宾馆间有距离提示，可根据相关信息对行程进行优化调整。

除了本课介绍的"穷游行程助手"外，还有"百度旅游"等智能 App 也能完成类似的行程智能规划，你能用它为游客进行家乡著名景点的旅游规划行程推荐吗？

第2篇

深度学习巧编程

第6课　AI 平台账号注册

任务导航	了解机器学习的基本原理，掌握在 IBM Cloud 网站注册账号的方法。
问题思考	什么是机器学习？现有的人工智能平台有哪些？

小试身手

一、关于机器学习

机器学习是研究如何使用机器来模拟人类学习活动的一门学科，它是人工智能的核心，是使计算机具有智能的根本途径，其应用遍及人工智能的各个领域。阿尔法狗（AlphaGo）自我学习并战胜人类是人工智能的一个巨大突破，也跌破了很多人的眼镜。AlphaGo 参考海量人类棋谱，并自我对弈 3000 万盘，又经数月训练，最终以 4 比 1 战胜韩国棋手李世石，以 3 比 0 战胜中国棋手柯洁。

如今，人工智能超越人类智能的领域已有癌症诊断、无人驾驶、法律咨询等。但是当前的机器学习都是特定能力的学习，能够像人类一样，可以学习不同的东西、具有广泛学习能力的机器到现在还没有出现。

二、现有的人工智能平台

国内人工智能平台有依托百度公司建设自动驾驶国家新一代人工智能开放创新平台，依托阿里云公司建设城市大脑国家新一代人工智能开放创新平台，依托腾讯公司建设医疗影像国家新一代人工智能开放创新平台，依托科大讯飞公司建设智能语音国家新一代人工智能开放创新平台等。

2015 年 11 月，谷歌在其官方博客上宣布开源自己的第二代机器学习系统 TensorFlow 之后先后开放了开源 Deep Dream、语音识别 API 及人工智能工具 SyntaxNet 等，微软、Facebook 及 IBM 等公司也先后开放了各自的人工智能平台。

三、走近 IBM Watson 人工智能平台

（1）IBM Cloud 网站账号注册。

在百度上搜索 IBM Cloud 网站网址，进行注册。

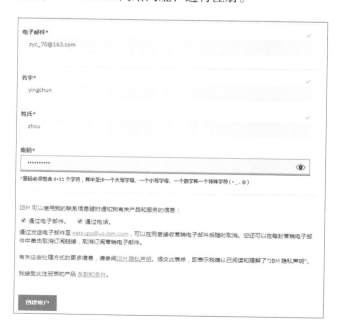

（2）注册成功后登录 IBM Cloud 网站，进入"仪表板"页面，
选择"目录"/"所有类别"中的"AI"，然后选择"Watson
Assistant"中"Lite"套餐的所有服务项目，IBM 图像识别服务
按照调用次数收费，Lite 的免费版一个月允许调用 1000 次，对于
一般学习者来说已足够。

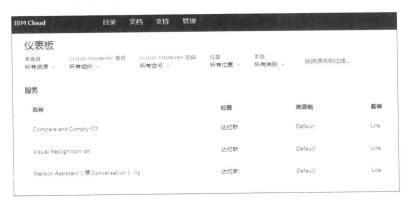

（3）生成图像识别的 API 密钥。这一步非常重要，今后培养新机器学
习模式时将要求你添加相关的 API 密钥，当然你也可以在"查看
凭证"中选择相关密钥进行复制。

（4）百度搜索"少儿机器学习网站"并进行注册，该网站有十几个
案例项目可供参考。该机器学习网站使用的后台即是 IBM 的
Watson。当然如果你仅用于文字识别可以选择立即尝试。

（5）转到管理页面，添加 API 密钥。

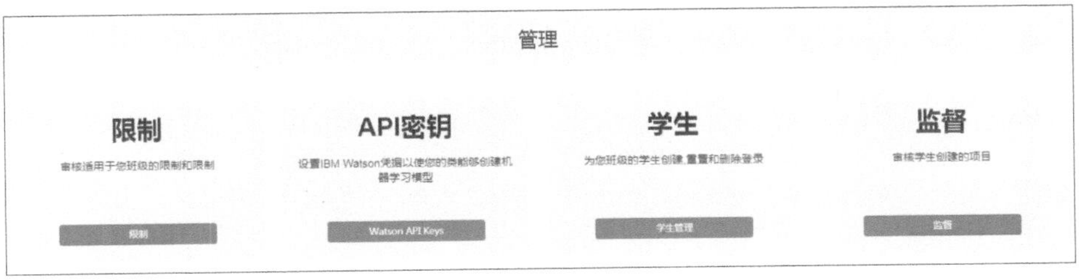

单击 Watson API Keys，登录 IBM Cloud 网站将 API 密钥复制粘贴到下面的对话窗口，并选择添加。

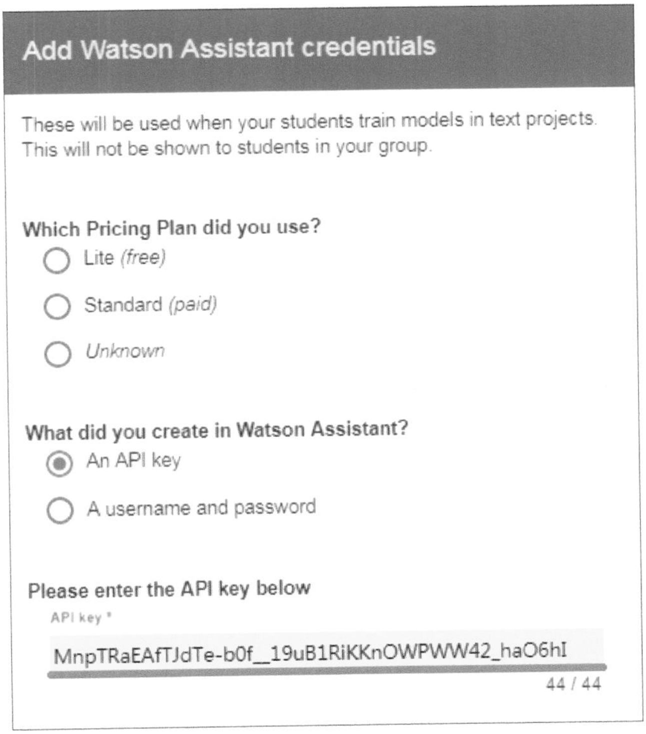

（6）如下图所示，表示 text 及 images 项目训练机器学习 API 秘钥均已正确添加。

 你计划让 IBM Watson 人工智能平台学习什么内容？你准备好了哪些大数据？

第 7 课　深度学习 AI 调用

 学会在平台上收集示例，并使用示例训练计算机进行识别。在注册的 IBM Watson 人工智能平台中调用 Scratch，创意编制一个能有效识别"好"的近义词及反义词的程序。

 有效地识别数据对于机器学习意味着什么？如何让计算机识别哪个是"好"的近（反）义词？

1. 登录少儿机器学习网站。

请在下面窗口中输入网站中注册的用户名及密码。

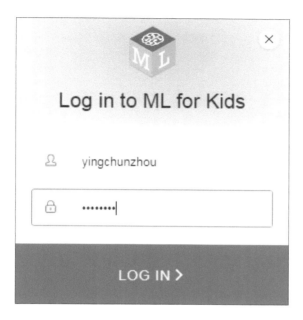

2. 选择"转到项目"并创建一个新的机器学习项目。

3. 收集用于计算机识别的示例。

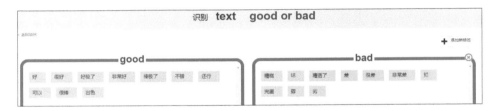

4. 使用示例训练计算机。

5. 单击"培养新机器学习模式",尝试根据训练结果添加一些文字,以了解计算机是如何进行有效识别的,其间还可以在上一步中继续给训练集添加有效数据。

6.　单击 "Make"，再选择在 Scratch 中使用机器学习。

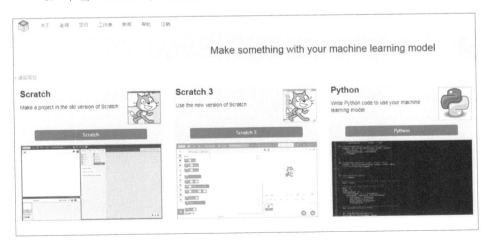

7.　在 Scratch 中调用机器学习控件来编制识别程序。

程序编制要点如下。

- 输入数据后必须进行训练，而训练失败的原因可能是 API 秘钥没有正确设置。
- 以上设计是先回答"好"的近义词，然后回答"好"的反义词。
- 输入的信息将在链表上逐个添加。
- 为了清除以前运行的痕迹，一开始设置了清除两个链表数据的控件。

（程序运行效果图）

　程序运行中出现一些数据遗漏时应如何添加、完善？试一下一些重复输入的近（反）义词，计算机有没有识别？如何使计算机有效识别并加以提示，让上述程序更为智能？

第 8 课　深度学习 AI 应用

任务导航	深入体验机器学习的魅力，利用 IBM Watson 人工智能平台编制一个正确识别动物模型的程序。
问题思考	前面我们利用 IBM Watson 人工智能平台进行文字识别时需要哪些步骤？进行图像识别时的步骤预计与之有何不同？

 小试身手

一、登录 IBM Watson 人工智能平台

（1）选择项目并添加一个新的机器学习项目。

（2）给项目命名（注意，要使用英文），在识别项目中选择图像。

（3）注意免费账户只允许设置一个学习项目。如需开始新项目，需删除或在老的项目上进行适当的修改。

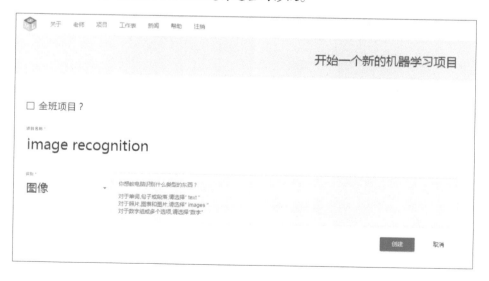

二、选择"训练",并拍摄动物模型各个角度的照片

（1）用摄像头添加"lion"。

调试时可能出现这样的问题：免驱动摄像头一般无须安装驱动软件，但网页模式有时会出现无法正常工作的情况，此时请尝试按以下步骤调试。

- 网页上摄像头无法工作一般是 Adobe Flash Player 的问题，可以先运行 C:\WINDOWS\system32\Macromed\Flash 目录下的 uninstall_activeX.exe，卸载 Adobe Flash Player。
- 重新启动后，再下载 Adobe Flash Player 最新版本并进行安装。
- 当网页显示"是否加载摄像头"时，选择"是"。

（2）用摄像头添加"loong"。

（3）用摄像头添加"toad"。

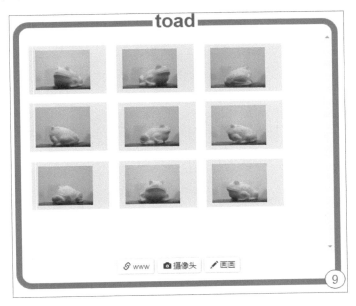

三、选择"学习和测试"，使用示例训练计算机识别 images

（1）选择"开始一个新的学习项目"，训练大约需要几分钟的时间。

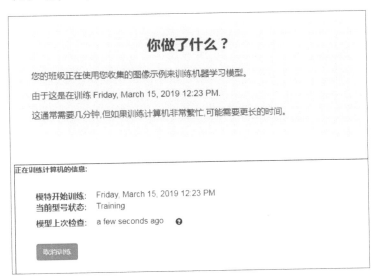

（2）训练结束后可以选择"使用摄像头进行测试"，案例中的动物模型可以摆不同的姿势供其判断，如果有必要，可以在相关图像数据库中进行添加。

四、调用 Scratch AI 应用

（1）选择"Make"，进入 Scratch 环境。

IBM Watson 可调用的程序有 ScratchX、Scratch 3.0、Python、App Inventor 等，本课我们选用的是 ScratchX。

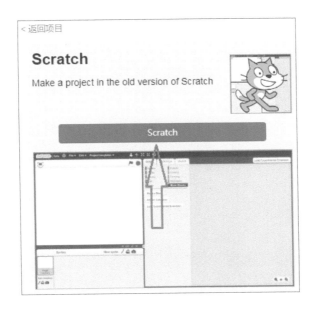

（2）调用"Face Lock"模块。

"Project templates"中有 19 个模块，如果想快速编程，可以选用其中的 Face Lock 模块。

（3）调用"Face Lock"模块后，需要调用一个空白角色。

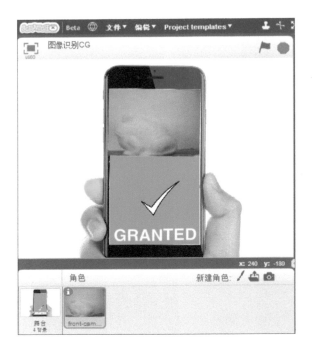

（4）由于 Scratch 没有实时拍照功能，因此在程序运行前需要进入空
白角色的造型，利用摄像头预先拍摄将要识别的图像。

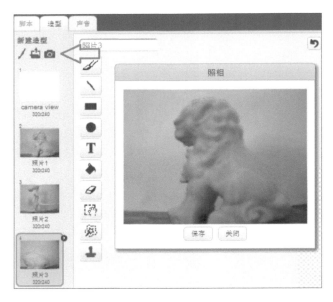

（5）编制程序。

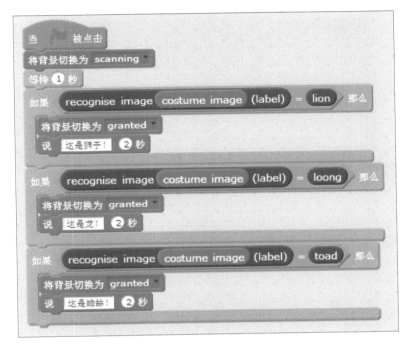

程序调试要点如下。

- 背景初始状态为"scanning"，当判断条件语句通过时，切换为"granted"。
- 由于之前建立了3个图像数据库，因此这里分别用3个条件语句对当前角色进行分析判断。recognise imge(costume image)(label)=lion或Loong或toad。
- costume image 即当前角色（之前在空白造型中拍摄的图像）。
- 如果演示需要，可以事先在造型中拍摄多张照片，然后分别选择，供 AI 应用程序判断。

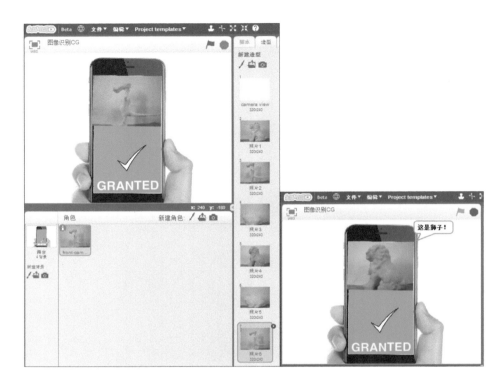

 你能在现有的 AI 程序中叠加创意吗？比如增加声音输出、动画同步显示等？另外，你能设计出一个类似的图像 AI 机器学习案例吗？

第 9 课　"石头剪刀布"游戏制作

任务导航	了解"石头剪刀布"游戏的由来，利用 IBM Watson 智能学习平台构建机器学习案例，并用 Scratch X 调用 AI 应用制作人机对弈的"石头剪刀布"游戏。
问题思考	你知道"石头剪刀布游戏"是怎么玩的吗？该游戏在我国各省及周边国家分别是怎么命名的？如何利用 IBM Watson 智能平台来制作人机对弈版游戏？

一、关于"石头剪刀布"游戏

"石头剪刀布"是一种猜拳游戏，两人玩，起源于中国，然后传到国外。该游戏历史悠久，早在《全唐诗》《水浒传》《红楼梦》中就有相关记载，传到各地后游戏规则基本一致，但称呼有所不同。

剪刀　　石头　　布

游戏规则一般为：石头克剪刀，剪刀克布，布克石头。该游戏类似"掷硬币""掷骰子"等，可以用来产生随机结果。但有时游戏者可以根据经验，预判对手的手法，从而有效提升赢的概率。

二、登录 IBM Watson 人工智能平台并拍摄"石头""剪刀""布"的相关照片

（1）登录 IBM Watson 人工智能平台，添加 stone、scissors、cloth 项目，选择图像。由于选择免费试用，当项目超过数量时便无法再次创建，此时需要删除旧的项目。

（2）选择"添加新标签"并用摄像头拍摄相关照片。

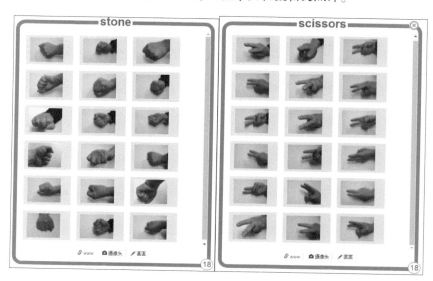

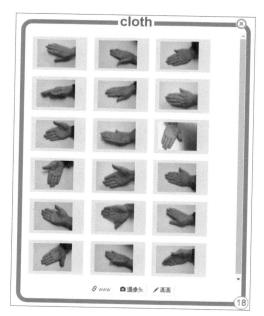

（3）选择"学习与测试"下的培养新机器模式，通常需要几分钟时间，
　　 如果训练计算机繁忙，可能需要更多时间，请耐心等待。

（4）学习完成后可以用摄像头进行测试。

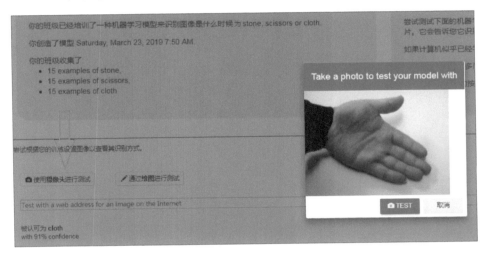

三、调用 AI 应用，制作人机对弈版 "石头剪刀布" 游戏

（1）选择 "Make" / "在 Scratch 中打开"。

（2）编制程序对石头、剪刀、布分别进行图像识别，注意因 Scratch 没有实时拍照功能，需事先在空造型中利用摄像头拍摄好需要识别的照片。当训练的数据量不够时，系统也会出现误判，此时需要回到训练模块，适当增加照片的数量并重新培养新的机器学习模式。

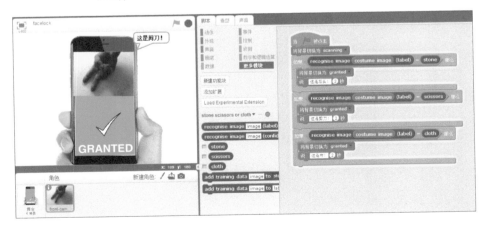

（3）制作系统随机"猜拳"游戏。

- 添加造型。

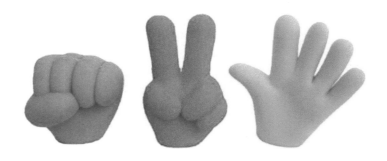

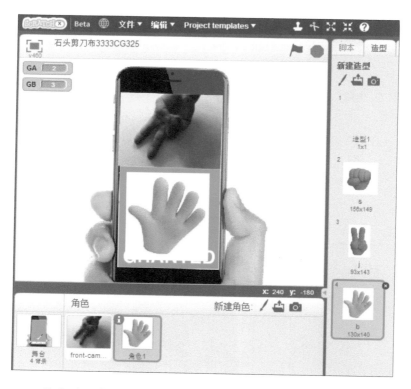

- 给当前"空造型"手势赋予数值。

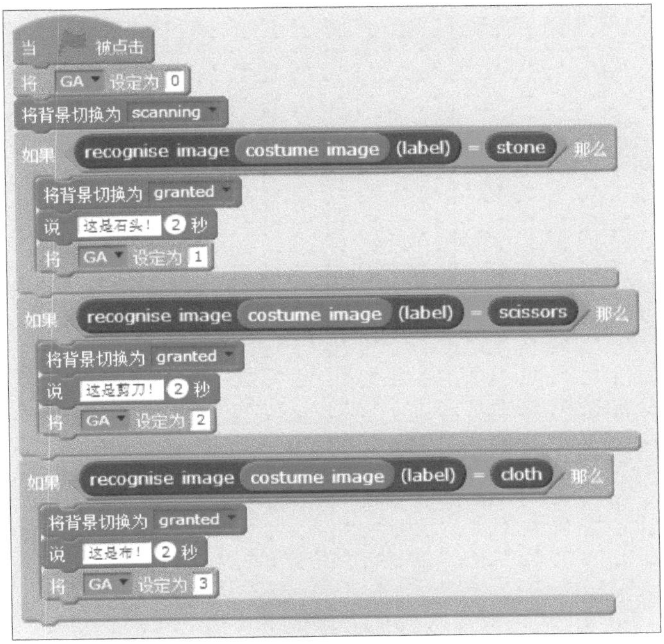
当 被点击
将 GA 设定为 0
将背景切换为 scanning
如果 recognise image costume image (label) = stone 那么
将背景切换为 granted
说 这是石头！ 2 秒
将 GA 设定为 1
如果 recognise image costume image (label) = scissors 那么
将背景切换为 granted
说 这是剪刀！ 2 秒
将 GA 设定为 2
如果 recognise image costume image (label) = cloth 那么
将背景切换为 granted
说 这是布！ 2 秒
将 GA 设定为 3

- 给“角色 1”添加脚本。

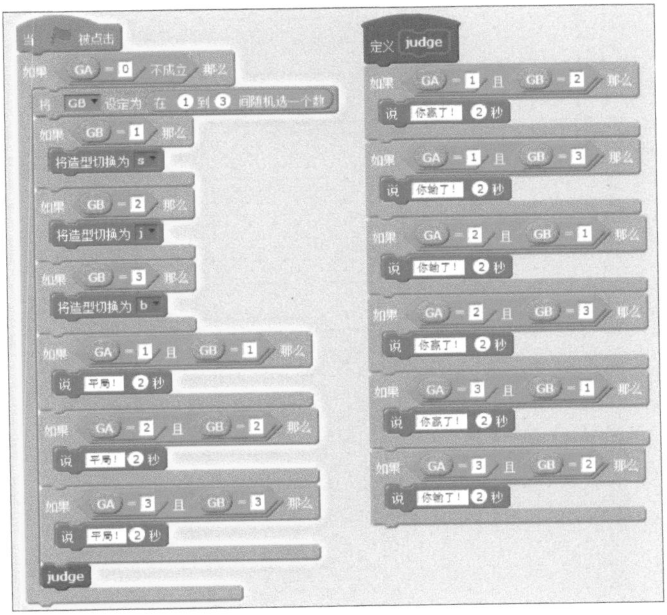

• 程序运行效果。

 你能设计一个"人"随机出拳且 AI 必胜的猜拳游戏吗？

第3篇

语音图像智辨篇

第10课　猜单词小歌

任务导航	下载并体验 Google 猜画小歌，利用 mBlock 5 编制能正确识别单词的"英语测试"小游戏。
问题思考	猜画小歌为何能猜中五花八门的各种抽象画？事先的学习是怎样进行的？谁是学习数据的提供者？mBlock 5 有哪些 AI 功能？

 小试身手

一、认识猜画小歌

　　"猜画小歌"这款微信小程序游戏来自 Google AI，其技术核心是"超过 5000 万个手绘素描的数据群"和"Google AI 的神经网络驱动"。"猜画小歌"让人们通过智能手机亲身体验了人工智能的神奇魅力。

　　在智能手机中打开微信小程序，搜索"猜画小歌"并启动该小程序。选择"单人作画"，开始与人工智能互动交流。

二、可识别英语单词的"英语测试"小游戏

（1）mBlock 的认知服务板块中有语音、文字、人脸年龄、人脸情绪等识别功能，但前提是需要注册并登录，有 QQ、微信的用户可以用相应的账号登录，或者注册。

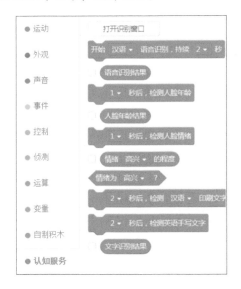

（2）上传并导入造型。

（3）编制文字识别程序。

程序调试要点如下。

- 事先需要正确安装摄像头驱动软件。
- 手写单词请使用较粗的记号笔。
- 必须注册登录才能正常调用 AI 应用，可选择 QQ 登录。
- 其他动物名称的英文单词 Monkey、Loong、Pig 等的脚本可参照以上程序进行编制。

 在 mBlock 5 的认知服务模块中有语音识别模块，你能参照文字识别程序来编制智能识别语音的 AI 程序吗？

第 11 课　智能密码锁

	体验腾讯 AI 开放平台的人脸分析功能，利用 mBlock 5 制作集人脸分析检测和语音识别于一身的智能密码锁。
	你所了解的 AI 开放平台有哪些？如果要制作一个在阿里巴巴与四十大盗出现时喊"芝麻开门"能自动解锁的密码锁需要哪些模块的参与？你能再叠加人脸分析功能，增强密码锁的解密难度吗？

一、体验腾讯 AI 开放平台的人脸分析功能

腾讯 AI 平台聚集了全球知名的人工智能科学家，专注机器学习、计算机视觉、语音识别、自然语言处理等人工智能领域的研究。目前，技术引擎提供了 OCR、人脸与人体识别、图片特效、图片识别、机器翻译、语音识别、语义分析等功能。

（1）登录腾讯 AI 平台。

（2）上传需要识别的图片，由于平台目前不支持在线实时识别，需事先拍摄好照片并将照片压缩在 1MB 以内。上传照片后，系统会将识别的结果以性别、年龄、表情、魅力分类列出判断结果。

二、运用 mBlock 5 制作智能密码锁

（1）mBlock 5 的认知模块中有语音、人脸年龄、人脸情绪等识别功能。

（2）《阿里巴巴与四十大盗》中有这样的一段叙述："阿里巴巴躲在树上窥探，不敢下树……山洞的门突然开了，强盗头目首先走出洞来，他站在门前，清点他的喽罗，见人已出来，便开始念咒语，说道："芝麻，关门吧！"随着他的喊声，洞门自动关了起来。首领清点、检查后，没有发现问题，于是喽罗们便各自走到自己的马前，把空了的鞍袋提上马鞍，接着一个个纵身上马，跟随首领，扬长而去。"根据这段文字叙述，利用语音识别、人脸识别等功能，制作一个叠加了多重密码的智能密码锁。

（3）上传"我的造型"。

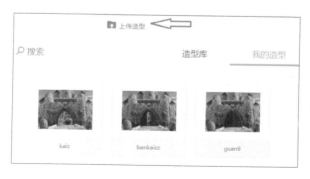

（4）编制程序。

程序调试要点如下。

- 首先导入配套资源文件夹中的3个造型，分别命名为guan、bankai、kai。
- 程序首先通过摄像头检测对象的年龄，本程序中的"年龄"要求大于40岁，此参数可根据需要进行修改。
- 人脸检测的第二步是当前的情绪状态，在mBlock 5认知服务中可设置如下选项：高兴、平静、惊讶、悲伤、生气、轻视、厌恶、恐惧等。
- 当对象年龄及当前情绪均符合要求时，需要用汉语说出"芝麻开门"，系统才正式迎接主人。

 你能在上述程序的基础上添加光环板等硬件，用舵机模拟开门，并用声音模块发出"欢迎主人"的音响效果吗？

第 12 课　智能语音控制台灯

	模仿小米 AI 音箱功能，制作能通过语音识别来实现控制的智能"台灯"。
	小米 AI 音箱的主要功能有哪些？你准备用什么硬件来实现智能语音控制？

一、关于小米 AI 音箱

　　小米 AI 音箱是小米公司于 2017 年 7 月 26 日发布的一款智能音箱，由小米电视、小米大脑、小米探索实验室联合开发。小米把"小爱同学"作为 AI 音箱的唤醒词。小米 AI 音箱可以播放音乐、电台点播，还有相声、小说、脱口秀、教育学习、儿童诗词等多种有声读物内容，可控制小米电视、扫地机器人、空气净化器等小米及生态链设备，也可通过小米插座、插线板来控制第三方产品。

二、体验 AI 音箱的各项功能

小米 AI 音箱支持语音交互，内容包括在线音乐、网络电台、有声读物、广播电台等，提供新闻播报、天气资讯、闹钟、倒计时、备忘、提醒、时间显示、汇率、股票查询、限行信息提醒、算数、查找手机、百科 / 问答、闲聊、讲笑话、菜谱、翻译等各类功能。可以通过搜索引擎搜索"小米 AI 音箱"的相关视频进一步了解。

三、模仿秀——制作 mBlock 5 语音控制台灯

（1）硬件介绍。

光环板是一块可无线联网的单板计算机，专为编程教育而设计。它小巧的机身拥有丰富的电子模块，通过简单编程就可以实现各种电子创作，入门新手也能信手拈来。搭配 mBlock 5 软件，软硬件结合，由积木式编程到 Python，可由浅入深，掌握编程逻辑。内置的 Wi-Fi 天线可让光环板接入互联网，实现 IoT 应用，创作简易的智能家居设备，体验万物互联的乐趣。

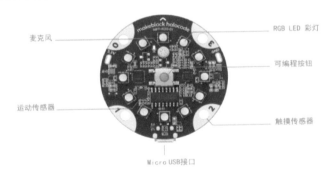

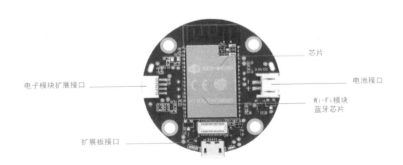

（2）软件安装。

下载 mBlock 5 并安装到计算机中。

（3）启动软件，添加硬件。

用 USB 连接线将光环板连接到计算机，启动 mBlock 5，并按上图所示，添加设备"HaloCode"（光环板）后单击"确定"按钮。

（4）连接光环板，需注意确认正确的 COM 端口。

（5）语音控制台灯 1.0 版程序编制。

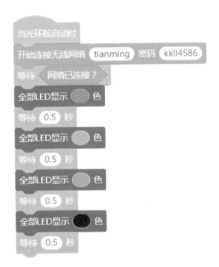

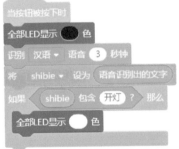

程序调试要点如下。

- 光环板内置的麦克风和 Wi-Fi 功能相结合，可以实现语音识别相关的应用。通过接入互联网，可以使用各大主流科技公司提供的语音识别服务，如微软语音识别服务。使用联网功能需要登录 mBlock 5 的账号。单击工具栏右侧的登录 / 注册按钮，根据提示登录 / 注册账号，建议选择 QQ 账号登录。
- 上图中有三大模块，最上面的模块即实现当光环板启动时连接 Wi-Fi。下面的两个模块则分别实现"开灯"与"关灯"的功能。

四、迭代优化完成智能语音控制 2.0 版

小米 AI 音箱只需用语音"小爱同学"来触发，并不需要按钮，能否将上述程序进一步优化？

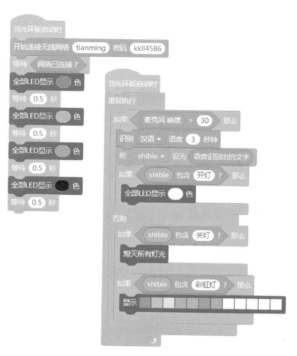

程序调试要点如下。

- 上图中左边模块可实现 Wi-Fi 网络连接，当连接成功后，则闪现红黄蓝色，最后熄灭（显示黑色）。
- 上述程序平时一直处于重复循环的状态，当麦克风的响度超过 30 时，开始拾取并识别语音，分别对应开灯、关灯及彩虹灯的功能。
- 实际调试时直接语音说"开灯""关灯"的成功率较低，而发"请开灯""请关灯"则基本都能成功实现，想想为什么？

 本课用模仿秀成功完成了智能语音控制台灯的制作，了解了光环板及 mBlock 5 程序的功能后，你有没有其他的创意愿意与大家分享？

第 13 课　智能起床提醒装置

任务导航	制作一个可以智能语音控制的定时装置，主人可以任意定时 N 小时，光环板能显示对应的数值，在到点时点亮所有 LED 灯并发出提醒声响，主人还可以随时取消并重设定时参数。
问题思考	参照第 12 课，我们可以用哪个软件、配合什么器材来实现上述创意？光环板并无接驳 MP3 的接口，如何发出声响？

一、深入了解光环板的功能

如下图所示，光环板除了 LED 灯的输出外，还可以在电子模块扩展接口引脚 0 ~ 3 分别接驳舵机，需要用小型鳄鱼夹分别接 3.3V、引脚（0 ~ 3）及 GND，配合引脚中的相关模块即可驱动舵机转动，让创意作品的使能空间进一步拓展。

二、硬件连接

如下图所示，需用鳄鱼夹和接驳线与光环板正确连接，注意在连接之前要确认 USB 线与计算机断开。

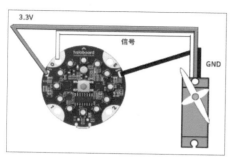 

三、程序编制

程序调试要点如下。

- 为调试方便，示例程序仅设 1 ～ 3 分钟，如果需要更多可以复制的相关模块，分别进行语音识别，给定时变量 A 赋值。
- 为了节约调试时间，"将 B 设为 A*5"，而事实上如果以分钟和秒的单位进行换算，应乘以 60。如果单位为小时，则应乘以 3600。
- 当光环板上麦克风拾取的值超过 30 时，系统开始识别语音传递的定时命令，以检出的有效关键词分别给定时变量 A 赋值。
- 当 A=0 不成立时，即系统已接受主人传递的有效语音定时信息时，换算成秒，并赋值给变量 B，等待若干秒后，驱动 LED 发光及舵机转动，发出声响。
- 当识别到主人有"停止闹钟"的语音命令时，马上关闭 LED，舵机停止转动。系统等待新的定时命令。

四、让智能语音定时装置"酷"起来

下载动物模型并进行 3D 打印，安装好舵机及敲击杆，当定时到点时打击出声，提示主人起床。

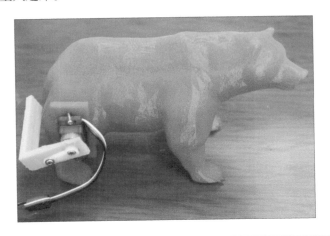

我们已经使用光环板制作了智能语音控制台灯及智能起床提醒装置，你对光环板的功能已经了如指掌，准备用光环板完成怎样的创意作品？在本课的基础上，你能否再加入一个传感器，当探测到主人一直不肯起床时，用一个舵机驱动棍状"气球"敲击主人？

第 14 课　智能语音控制机器人

任务导航	设计并制作一个能用语音控制前进、后退、左转、右转及停止动作的智能机器人。
问题思考	现有的机器人（如 mBot Ranger 游侠机器人）没有语音控制的功能，你能用已掌握的软硬件知识为其增加语音控制功能吗？

 小试身手

一、整合光环板的语音识别功能

（1）在 mBlock 5 中添加"百变小发明""创客平台""颜色传感器"等扩展模块，将光环板与对应的颜色传感器安装到游侠机器人上，整体组装效果如下图所示，注意光环板要使用独立电源。

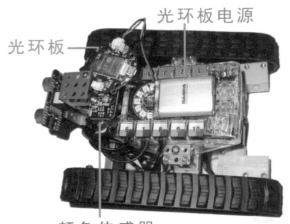

（2）语音控制 LED 部分程序的编制与上传。

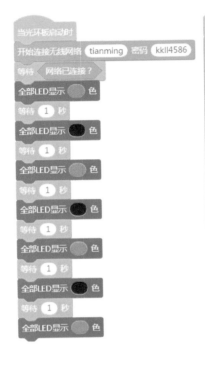

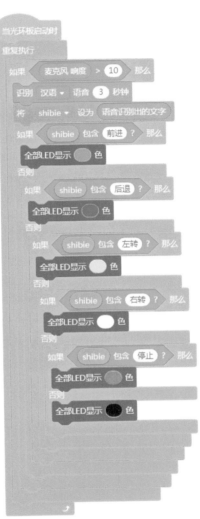

程序调试要点如下。

- 因颜色传感器仅能识别黑、白、红、黄、绿、蓝几种颜色，因此分别用其中的 5 种颜色对应前进、后退、停止、左转、右转命令。
- 待机状态应为停止待命，因此当 Wi-Fi 网络识别成功后，以红色灯光闪烁为提示，且之后一直显示红色。
- 安装光环板时，建议用电工胶带贴在光环板安装孔处与整机绝缘隔离。

二、编制程序并上传

（1）启动 mBlock 5，添加颜色传感器模块。

（2）当接收到光环板传递的光信号时，主控板板载 LED 相应显示。

（3）不要设置板载 LED 全部亮灯，否则反射灯光将造成干扰。

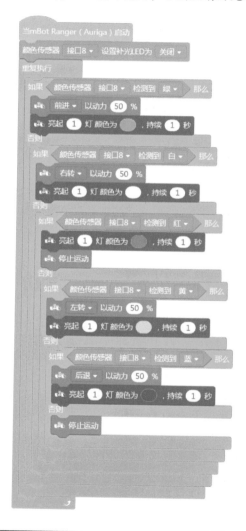

 本课案例中，机器人还装了一个超声波避障传感器，你能再添加一些控件，使其遇到障碍物时自动避让吗？

第 15 课　智能语音识别垃圾分类装置

	垃圾分类时遇到的最大问题是如何进行准确的归类，为了减少后期重新分类的工作量，请给垃圾站设计一个智能分类提示装置。
	你了解目前垃圾的分类标准吗？你能利用光环板的语音识别功能构建一个智能提示装置吗？

一、了解垃圾分类的最新标准

在率先进行垃圾分类试点的上海，每天的生活垃圾中目前已有 1.7 万吨可以资源化利用，填埋比例已下降至 30% 以下。而上海的近期目标是：到 2022 年要实现原生生活垃圾零填埋。为了统一各地垃圾分类标准，住建部 2019 年 11 月 15 日发布了《生活垃圾分类标志》新版标准。生活垃圾的类别被调整为可回收物、有害垃圾、厨余垃圾和其他垃圾 4 个大类。

二、利用光环板制作"垃圾分类智能分类提示装置"

（1）启动 mBlock 5，在设备中添加光环板，注意登录慧编程账号，连接光环板并在设置中进行固件更新。

（2）调试上网模块。

（3）调试语音识别模块。

三、制作"垃圾分类智能分类提示装置"升级版

（1）利用 3ds Max 构建模型，注意给光环板预留位置，当打印机精度不够时，建议利用超级布尔 - 差集命令将汉字模型"减"去，但是底部得保留 1mm 左右的厚度，以保证笔画的完整性。

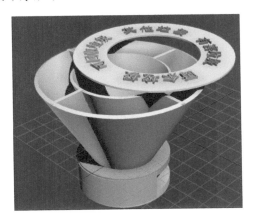

（2）mBlock 5 编程。

- 语音识别模块。

• LED 显示模块。

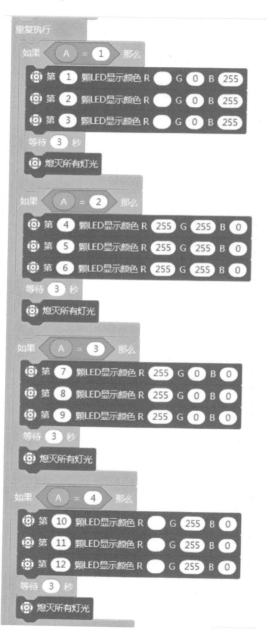

（3）3D 打印实物整体组装效果图。

程序调试要点如下。

- 四大类垃圾中，上述示例程序每类仅语音识别 3 种，如需要可以继续添加。
- 因光环板一共 12 颗 LED，每种垃圾由 3 颗 LED 点亮。
- 每次语音识别后点亮 LED 3 秒，提示垃圾所属的种类，然后等待下一次的识别需求。

 光环板能驱动舵机转动，你能在今天所学的基础上设计一个能用指针转动指示垃圾所属种类的程序吗？

第 16 课　猫尾机器人

 模拟日本猫尾机器人，利用光环板创意制作一个可语音触发或触摸操控的属于你的新版猫尾机器人。

 日本的猫尾机器人有什么主要功能？如果利用光环板作为核心部件来制作，还需要哪些外设的部件？

一、走近猫尾机器人

很多养宠物的同学希望忙碌一天后回到家中，在宠物这里得到一丝慰藉，并且感受到温暖，获得放松，缓解工作、生活中的压力，但实际情况却可能是满屋狼藉，还无处发火。于是"机器宠物"在未来值得期待，虽然像哆啦A梦一样的蓝胖子有些不切实际，但是一个"简约版"的小肉球还是很好实现的。日本 Yukai Engineering 公司公布了一款名为 Qoobo 的猫尾机器人，当你像对待猫那样抚摸和拍打 Qoobo 的时候，它的尾巴也会做出相应的摇摆。这让你"假装"养了一只猫，在感受宠物带来的陪伴感的同时又不会"有麻烦"，真是一举两得！

二、激光雕刻猫脸等组件

（1）启动激光宝盒配套软件 Laserbox，导入下图所示的猫脸图片，对黑色部分执行雕刻指令，对红色区域执行切割指令。建议使用5mm 厚的木板。

（2）猫身、猫脚、猫尾组件的切割。

（3）整机组装。

- 用热胶枪将 4 只脚安装到位。

- 3 只舵机依次安装到尾部，模拟尾部的 3 个关节。

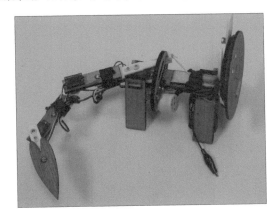

- 注意两只眼睛各对应光环板的第 1 颗和第 4 颗 LED。

- 为便于安装，对于上述装置，还用 3D 打印机打印了舵机与传动板的连接板。

- 3 只舵机的红、黑线分别接到光环板 3.3V 端及 GND 端，白色连接线分别接光环板的 1 号口、2 号口、3 号口。0 号口为触摸端，建议用一根线连接鳄鱼夹。为连接可靠，建议用电烙铁直接将线焊接到光环板相应的端口。

三、编制程序

（1）猫尾机器人 1.0 版。

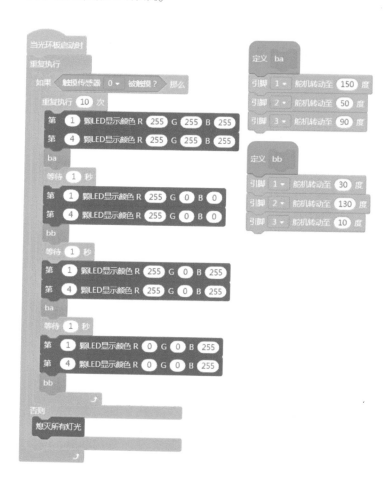

程序调试要点如下。

- 在整机调试运行之前，预先对 1 号、2 号、3 号舵机的摇摆角度进行测试确认。
- 0 端口每次被触摸，摇摆程序就执行 10 次。
- 为使程序更为简洁明了，自定义积木 ba 及 bb。

（2）制作猫尾机器人 2.0 版——给猫尾机器人增加语音控制功能。

迭代目标：当主人喊小猫的昵称"小爱"时，猫尾机器人会摇动耳朵、眨巴眼睛及摆动猫尾。

如何摇动耳朵？如图1所示，用3D建模并打印两只猫耳，按光环板尺寸，用5mm木板激光雕刻猫耳及光环板的组件，并用热胶枪贴在猫脸后面。可以3D建模并打印联动杠杆，如图2所示。

图1　3D建模并打印两只猫耳

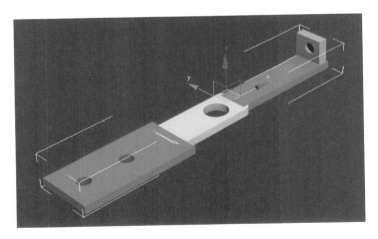

图2　3D建模并打印联动杠杆

新增语音控制功能。

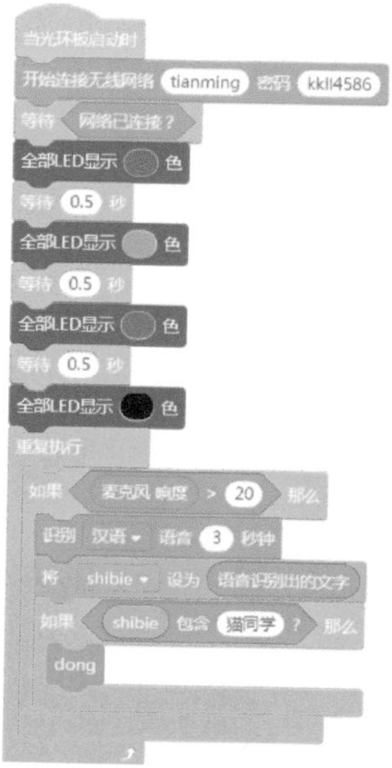

其他程序修改如下。

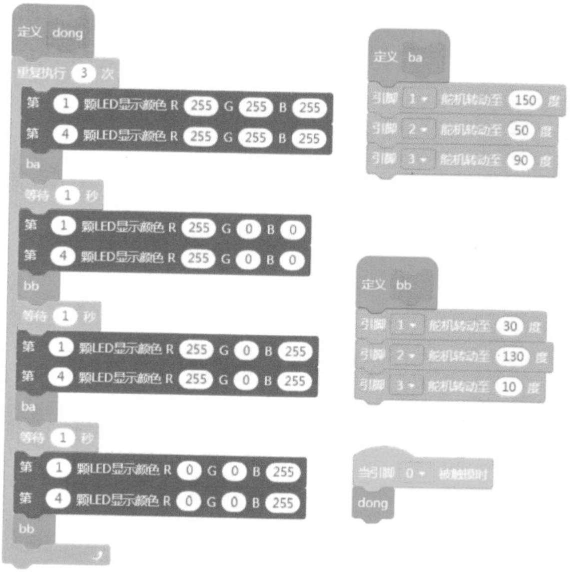

你能在以上创意的基础上，再叠加一些有趣的功能展示吗？比如增加小猫的叫声？

激光雕刻下列组件，并用热胶枪粘在小猫的身体上。

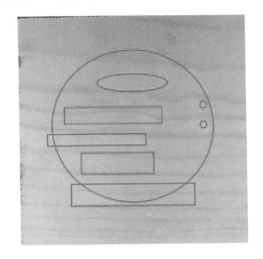

将微动开关安装到组件上，并将连线用电烙铁焊接到电子发声器的触发开关两端。当猫尾摆动时，会触发微动开关，致使电子发声器发声。

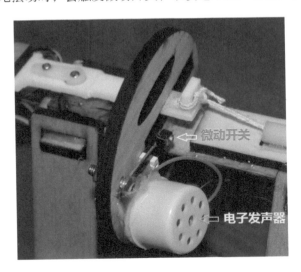

第 17 课 芝麻开门

	利用 mBlock 5 的机器学习模块，训练模型图像识别并编程控制外部设备（大门）的开启与关闭。
	你认为一个理想的大门人脸识别控制系统应该具备哪些功能？你了解光环板的构造及特点吗？如要用光环板控制大门开闭，预期会有哪些问题需要解决？

一、利用 3ds Max 构建大门模型

（1）构建门框模型，需要考虑两扇大门的驱动装置——舵机的安装，因安装在门框上部，因此需要给两个舵机预留位置。

（2）构建大门模型，注意大门转轴的设计，在门框左右两侧要预留大门转轴的安装位置。

（3）3D 打印输出模型，连接光环板及摄像头，整体效果图如下。

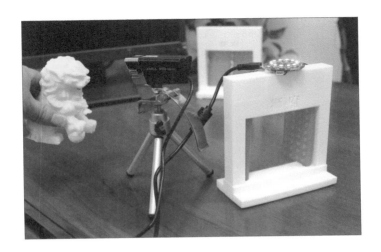

二、训练模型

（1）连接免驱动摄像头，启动 mBlock 5，在角色中添加扩展——机器学习。

（2）训练模型时可以用动物模型（见下图），也可对人脸进行数据采集。

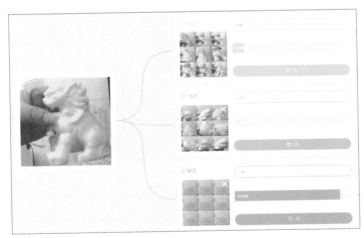

（3）训练模型时要考虑无识别对象出现的场景，因此上述案例中有三大分类，一是两种颜色的狮子，二是蟾蜍，三是无动物出现。预设当狮子出现时，狮府大门开启，否则关闭。

三、整合光环板功能，驱动大门智慧开闭

在设备栏添加光环板，在设置中进行固件更新。然后连接光环板，选用在线运行模式。下面有两组程序，左为光环板设备脚本，右为角色脚本。

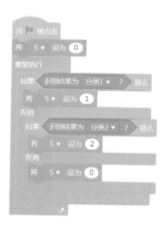

程序调试要点如下。

- 识别结果是控件仅在"角色"中出现，因此添加变量 S 传递识别结果，以控制光环板 LED 及舵机。
- 采集照片时注意固定摄像头的位置及角度，保持背景的一致性。
- 为提高识别正确率，可以多角度多采集动物照片，也可加入条件语句嵌套。当在短时间内两次或三次均识别为"狮子"时才开启大门。

修补上述程序，设计一个人脸识别智取早餐奶装置。

第4篇

颜色障碍慧识篇

第18课　智能驾驶机器人

任务导航	构建一个智能驾驶场景，智能驾驶机器人能自动巡线并识别红绿灯，遵守红灯停、绿灯行的规则，并能自动避开障碍物，选择其他路径巡线行驶。
问题思考	要让机器人识别障碍物，需要哪些传感器？识别红绿灯呢？你准备将此问题分解成哪几个小问题？

一、自动驾驶汽车的发展

自动驾驶汽车又称无人驾驶汽车、计算机驾驶汽车或轮式移动机器人，是一种通过计算机系统实现无人驾驶的智能汽车。它在20世纪已有数十年的发展，21世纪初呈现出接近实用化的趋势。谷歌自动驾驶汽车于2012年5月获得了美国首个自动驾驶车辆许可证。

权威机构对其"智商"做了分级，即我们通常讲的 L1 ~ L5 划分，每个等级对应不同智能程度的自动驾驶系统。L0 即人工驾驶。L1 ~ L5 为机器逐步接管，到了 L5，就是所谓的全自动驾驶，可以应对各种路况。

优步、百度、奥迪、福特、奔驰、长安、蔚来、小鹏汽车等公司陆续加入自动驾驶汽车的研发领域，谷歌的 waymo 到 2018 年 4 月累计测试里程突破 500 万英里（约 800 万千米），达到 L4；新奥迪 A8 的 Audi AI，已达到 L3 的自动驾驶；百度 Apollo 也达到 L3；而特斯拉的增强版 Autopilot，严格来说应该属于 L2.5，还未达到 L3，其首席执行官埃隆·马斯克表示：2020 年，特斯拉将在美国部分城市推出自动驾驶出租车服务。

自动驾驶汽车使用视频摄像头、雷达传感器、激光测距及激光雷达来了解周围的交通状况，另外还有左后轮传感器、主控计算机等设备。

2009 年曝光的自动驾驶汽车雏形

二、确定方案，构建场景

1. 确定目标方案为设计制作能自动巡线行驶的机器人，当检测到障碍物时可自动转向，检测到红绿灯时遵守交通规则行驶。

2. 场景构建如下图所示。

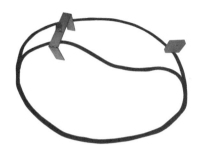

3. 利用光环板制作"红绿灯"。

　（1）所需硬件。

　· 一块光环板。

　· 一块颜色传感器。

　　颜色识别传感器 Me Clolr Sensor 是一款可识别黑、黄、红、蓝、绿、白 6 种颜色的颜色传感器。此模块接口是蓝白标，说明是 I²C 通信模式，需要连接到主板带有蓝白色标识的接口。

　　颜色识别传感器的工作原理：生活中的可见光是由红、绿、蓝 3 种基色光组成，当光线照射在物体上时，因为物体表面性质存在差异，对基色光会产生不同程度的吸收和反射效应，颜色传感器通过检测 3 种基色光的反射强度来判断物体表面的颜色。

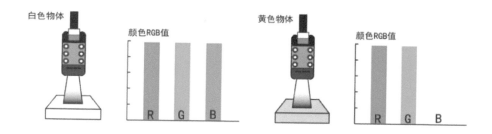

● 含超声波传感器、巡线传感器的 mBot Ranger 游侠机器人一个。

（2）激光雕刻红绿灯支架。

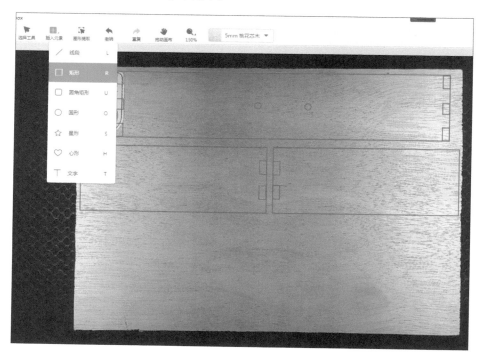

（3）红绿灯整体安装效果。

建议粘合时使用热胶枪，使结合部位充分固定。

（4）编制程序调试。

为节约调试时间，红绿灯的时间均设定为 20 秒以内。程序调试成功后，选用上传模式，将此程序上传到光环板即可离线运行。

三、组装初步调试机器人

1. 将颜色传感器、超声波传感器和巡线传感器安装到游侠机器人上。

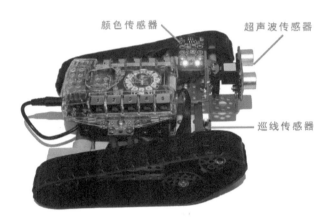

2. 红绿灯识别调试。

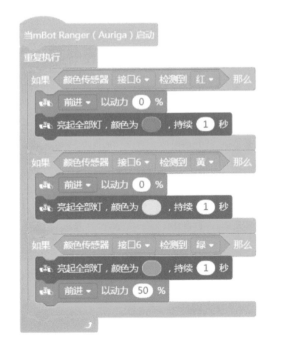

四、完善程序，进"场"自动行驶

1. 编制程序。

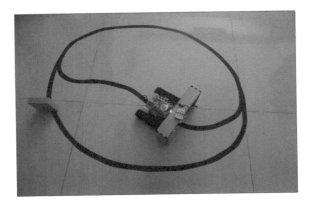

2. 调试场景。

3. 调试要点如下。

- 注意导入"百变小发明""创客平台""颜色传感器"等扩展模块，否则更换计算机后可能无法打开程序。
- 在巡线模块的各个条件语句控件中，每次均需探测当前颜色传感器的值，由于红灯随时出现，若一次循环只探测一次，容易"闯红灯"。
- 当探测到红灯后，应立即执行"前进 0%"控件，否则不能及时刹车。
- 探测到红灯后，不要选择"亮起全部灯为红色"，否则其反射光线将干扰颜色传感器。
- 由于机器人小车摇摆不定，当探测到前方有障碍物需要转轨时的车身角度为一个不确定值，因此需要运用"重复执行直到……"语句使车身有效转轨。

你能用两块光环板编制一对红绿灯，配合构建一个两辆智能小车自动通过同一个红绿灯的巡线场景的程序吗？思考此时需要多少个红绿灯？场景又该如何搭建？

第 19 课　车站智能围栏

针对现有车站检票围栏无法根据排队人数的情况智能应对的问题，设计制作一个能感应识别排队人数以决定便捷通道开启的装置。

现有车站特别是人流量较大的火车站的检票围栏起到了什么作用？仔细观察它存在什么问题。你准备如何解决？

一、观察环境

现有的车站围栏有哪些主要功能？在人流发生变化时会出现什么问题？如何解决？

二、造物利器——激光雕刻机的安装与使用

以激光宝盒为例，它是一款桌面级智能激光切割机，专为教育和创造而设计。高清鱼眼镜头结合 AI 计算机视觉算法，使激光宝盒具备了"看"的能力，从而实现智能材料识别、可视化操作等革命性的功能。作为首个通过手绘来定义切割及雕刻的智能激光切割机，激光宝盒大大降低了激光使用的难度，让每个人都能使用激光去创造。

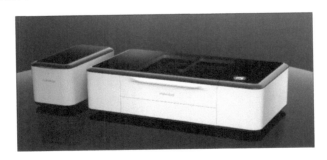

安装时需注意将智能烟雾净化器安装到位，否则切割或雕刻时产生的烟雾将造成空气污染。USB 线、电源线等安装到位后，下载 laserbox 软件即可进行切割 / 雕刻。

三、切割安装车站围栏模型

1. 在 laserbox 软件中绘制并切割模型底板。

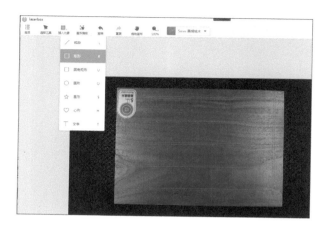

2. 切割"栏杆"。

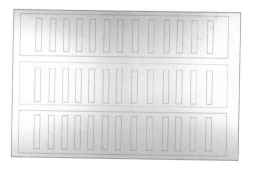

3. 安装"自动门"。

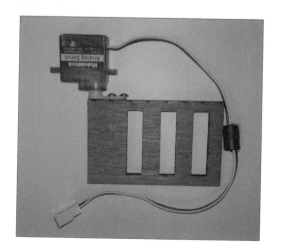

4. 整体效果示意图。

切割基座槽口时要注意与栏杆（本例使用的是 KT 板）的厚度相匹配。安装栏杆时可使用热胶枪粘合相关部件。考虑到主控器等器件的安装，可以黏合一块大小适当的板子。

四、启动 mBlock 5 编程赋能

1. 在 mBlock 5 中添加设备 mBot Ranger。

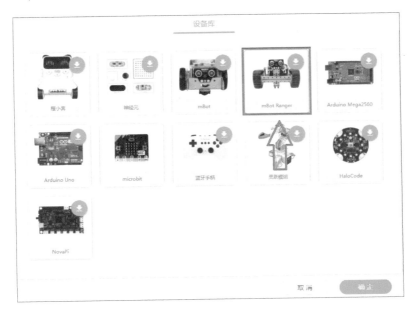

2. 在扩展中心添加"百变小发明"和"创客平台"。

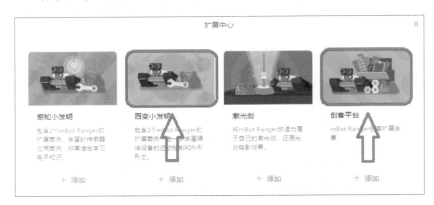

3. 在线编制程序并试验。

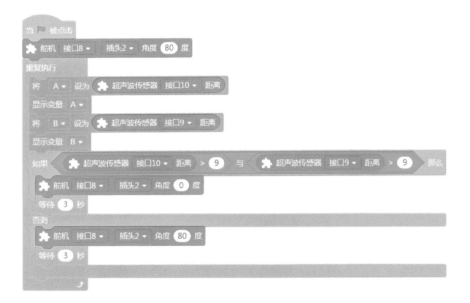

程序调试要点如下。

- 设置变量 A、B 并实时显示,可以在线监测两个超声波传感器的距离变化。
- 舵机初始状态(关门)及感知最近的 1 ~ 3 通道无人时的开门状态,具体角度建议事先编程做好监测。

4. 将程序上传到主控板。

启用上传模式将程序上传到设备的主控板，下面的上传程序中做了适当的简化。仔细观察与上面调试程序的区别在哪里，考虑为什么可以精简。

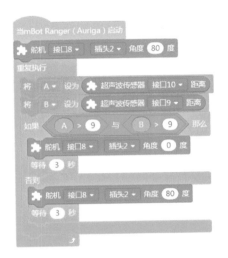

 如果需要统计每天客流高峰时段的数据，你能在上述软硬件的基础上叠加完善吗？

第 20 课　紧急停车警示智能放置装置

 任务导航　设计并制作一个在机动车紧急停车时能自动放置的紧急停车警示智能放置装置，并同时发出声光警示。

 问题思考　现有的机动车紧急停车警示牌的放置程序是怎样的？存在哪些弊端或安全隐患？这类智能放置装置应该实现哪些功能？

一、知识铺垫

1. 现有情况下机动车遇到紧急状况时的正确应对策略及可能存在的风险分析。

当机动车遇到紧急状况时，需要将车靠右停下，步行至车辆 150 米后将警示三角牌放好，再走回来。其间车主需要从左侧门进出，而左侧门靠近高速机动车道，车主需在紧急车道上摆放警示牌，存在一定的风险。

2. 了解碰撞传感器。

微型快动开关，即广为人知的微型开关，是一种由很小的物理力启动的电子开关。这是一款 Arduino 兼容的微型开关感应器。它能够直接连在 I/O 扩展板上。它将负载电阻与 LED 指示灯整合在一起。这使得对它进行测试更为简单。微型快动开关和摇动操纵杆能让它应用于不同的环境。

3. 认识舵机。

DMS-MG90 微型金属 9g 舵机采用 ABS 透明外壳配以内部金属齿轮组，加上准确的控制电路、轻量化空心杯电机，该微型舵机的输出力矩达到了惊人的 1.8kg·cm。

4. MP3 模块。

本装置采用的 Boshimaker MP3 支持 MP3、WMA、WAV 文件。MP3 模块支持多个文件夹，每个文件夹下面可以放多个 MP3 文件，MP3 模块 TF 卡内的文件夹和音频文件按照文件索引排序播放。

二、3ds Max 构建模型

1. 构建 3D 外壳。

本产品拟利用不倒翁的原理，加入主控板自动控制三角牌的摆放，并且发出声光警示。基于此方案需设计球状的外壳。

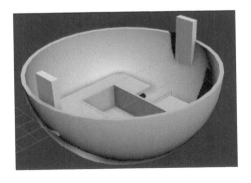

建议如下操作。

- 构建半径为 87mm 的球体，然后用布尔命令减去半球体，得到一个半球体。
- 将半球体转换成可编辑的多边形，删除圆形表面，再使用壳命令构建实体。

- 考虑底部需要安装碰撞传感器、电池和 Me Auriga 主控板，相应构建以上的底部构件，该构件也是"不倒翁"构造的一部分。
2. 构建三角牌及相关构件。

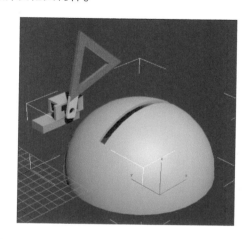

建议操作如下。

- 装置的上半部分，可以通过复制下半球体获得，然后通过布尔命令开通三角警示牌的"通道"。
- 由于是通过舵机来实现警示牌的驱动，构建模型时应注意舵机的安装需要。
- 为增加显示效果，在外壳上通过超级布尔命令，差集获得如"紧急停车"等文字镂空的效果，在灯带的作用下，能凸显装置的警示效果。

三、机械装置组装

1. RJ25 转接器、灯带等的安装可以事先在构建模型时考虑采用相应的构件，也可用电烙铁添加修补。
2. 三角警示牌上举机械装置需要反复调试，以确保"路径"通畅。
3. 安装碰撞传感器时，应注意测试装置下落摇摆时能否有效触发它。

四、程序设计

当mBot Ranger（Auriga）启动
亮起 1 灯，颜色为红 255 绿 255 蓝 255
舵机 接口9 插头1 角度 0 度
灯带 接口8 插头2 1 灯，颜色为红 0 绿 255 蓝 255
音频播放模块：停止播放
重复执行
　将 kaihuan 设为 限位开关 接口8 插头1 按按下？
　如果 kaihuan = 1 那么
　舵机 接口9 插头1 角度 90 度
　dianliang
　音频播放模块：播放名称为 T001 的音频
　音频播放模块：设置音量为 100 %
　音频播放模块：设置播放模式为 单曲循环
　等待 1 秒

定义 dianliang
将 num 设为 1
重复执行
　亮起 num 灯，颜色为红 255 绿 0 蓝 0
　灯带 接口8 插头2 29 - num 灯，颜色为红 255 绿 0 蓝 0
　将 num 增加 1
　等待 0.03 秒

程序调试要点如下。

- 程序开始时，先将舵机、MP3 模块及灯带置于初始状态。

- 在 mBlock 设备栏中添加扩展创客平台、激光剑、音乐播放等模块。
- 将播放的紧急停车提示音下载到 TF 卡中。

五、智能警示装置的创意功能说明

目前，汽车配备的警示牌为三角框架，结构简单，需车主亲自进出、行走在高速应急车道上，存在一定的安全隐患。另外，红色的铁架警示效果较差，特别是在晚上，后面车辆很难注意到它的存在。本课设计的智能警示装置无论从安全性还是提示效果方面，均优于普通警示牌，是一种升级换代的新产品。国内外的汽车生产厂商大多重视汽车外观、发动机性能、人工智能等方面的研究及升级，但在百度网、中国专利网、中国知网等网站查询，均未有与本课设计相同或类似的产品文献介绍，因此本课设计的智能警示装置具备一定的创新性。

本产品采用球形设计，平时放置车辆后部，当需要紧急停车时，车主按下按钮，球形警示装置立即自动下落。它的初步外形设计如下图所示，平时三角牌置于球的内部，下落时由于下部有电池主控板等，比较重，其整体类似"不倒翁"，在摇摆中触发底部的微动开关，主控器接到微动开关的信息后，触发舵机升起红色三角牌，同时驱动 MP3 模块发出警报声，点亮内部 LED 灯带发光并频闪警示。

在此智能装置的基础上，能否设计添加一个能返回机动车的传动装置，彻底解决驾驶员在应急车道上来回跑的问题？

第 21 课　智能辨色分拣机器人

	了解智能物流分拣系统的工作原理，设计制作能辨别颜色并实现分别归类的智能分拣机器人。
	辨别颜色需要什么传感器？实现分色归类的机械系统如何设计？需要哪些外围设备支持？

一、智能物流自动分拣系统

随着物流业的不断发展，各种先进技术与先进装备应运而生。具备搬运、码垛、分拣等功能的智能物流分拣设备也层出不穷，正以意想不到的速度向智能化、无人化方向发展。自动分拣系统能连续、大批量地分拣货物。采用流水线自动作业方式，自动分拣系统不受天气、时间、人的体力等的限制，可以连续、高效运行。利用物联网图像采集、传感、信息处理技术等能在 1 米范围内扫描任意高度的货物的条码。系统通过实时访问后台数据库，获得每个包裹的地址信息，再由数据驱动包裹传送至相应区域的分拣口时，包裹便会滚入收集袋内。这一物联网"智慧"取代了传统人工，大幅度提高了分拣效率。顺丰快递的全自动化分拣设备每小时可以处理 7.1 万件包裹，而按照人工每小时分拣 500 件货物的速度，分拣 7.1 万件大概需要 150 人同时工作 1 小时才能完成。

物流企业快递包裹自动分拣系统

智能药房自动配药系统

二、创意 3D 建模打印

1. 分拣通道系统。

2. "物流"传输通道 3D 设计。

因 3D 打印机的成型高度有限，因此建议通道部分与主体部分分别打印后再组装。

3. 整体安装效果。

舵机上接的"阀门"需要 3D 建模打印，建议事先在 3ds Max 模型上转动测试，以便打印后一步到位。由于目前 FDM 尚无透明材料可以打印，因此用激光宝盒切割亚克力板后用热胶枪粘合。另外，实验用的红、绿、蓝圆柱，建议用 3ds Max 扩展基本体的切角圆柱体来建模，然后采用不同颜色的 PLA 材料打印。

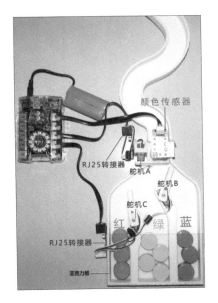

三、程序编制与调试

1. 启动 mBlock 5。

2. 添加设备 mBot Ranger，在控件栏扩展中心添加颜色传感器及百变小发明。

当mBot Ranger（Auriga）启动
颜色传感器 接口10▼ 设置补光LED为 打开▼
舵机 接口8▼ 插头1▼ 角度 110 度
舵机 接口7▼ 插头2▼ 角度 80 度
舵机 接口7▼ 插头1▼ 角度 150 度
重复执行
　如果 颜色传感器 接口10▼ 检测到 红▼ 那么
　　等待 0.2 秒
　　如果 颜色传感器 接口10▼ 检测到 红▼ 那么
　　　等待 0.2 秒
　　　如果 颜色传感器 接口10▼ R▼ 值 > 60 那么
　　　　亮起全部灯，颜色为 ，持续 1 秒
　　　　hong
　如果 颜色传感器 接口10▼ 检测到 绿▼ 那么
　　等待 0.2 秒
　　如果 颜色传感器 接口10▼ 检测到 绿▼ 那么
　　　等待 0.2 秒
　　　如果 颜色传感器 接口10▼ G▼ 值 > 70 那么
　　　　亮起全部灯，颜色为 ，持续 1 秒
　　　　lu
　如果 颜色传感器 接口10▼ 检测到 蓝▼ 那么
　　等待 0.2 秒
　　如果 颜色传感器 接口10▼ 检测到 蓝▼ 那么
　　　等待 0.2 秒
　　　如果 颜色传感器 接口10▼ B▼ 值 > 60 那么
　　　　亮起全部灯，颜色为 ，持续 1 秒
　　　　lan

定义 hong
舵机 接口7▼ 插头2▼ 角度 80 度
舵机 接口7▼ 插头1▼ 角度 100 度
等待 1 秒
舵机 接口8▼ 插头1▼ 角度 180 度
等待 0.2 秒
舵机 接口8▼ 插头1▼ 角度 110 度

定义 lu
舵机 接口7▼ 插头2▼ 角度 80 度
舵机 接口7▼ 插头1▼ 角度 150 度
等待 1 秒
舵机 接口8▼ 插头1▼ 角度 180 度
等待 0.2 秒
舵机 接口8▼ 插头1▼ 角度 110 度

定义 lan
舵机 接口7▼ 插头2▼ 角度 130 度
等待 1 秒
舵机 接口8▼ 插头1▼ 角度 180 度
等待 0.2 秒
舵机 接口8▼ 插头1▼ 角度 110 度

程序调试要点如下。

- 安装颜色传感器时注意高度要离颜色块 1 ～ 2 厘米。建议先上传颜色检测程序进行测试。
- 各舵机控制阀门的角度事先可以在线测试，明确通道 1 ～ 3 的开关角度。

- 颜色传感器的补光灯必须事先打开，否则无法准确检测颜色块。
- 单个条件语句往往会造成颜色检测误判，嵌套两个颜色检测，再加一个 R、G、B 值的条件判断，实验结果令人满意。因该产品的两次判断时间差为 0.16 秒，因此中间要加 0.2 秒的等待时间。因不同厂家的 PLA 材料色度不同，因此具体的 R、G、B 值应有所不同，需要反复试验以确定最佳设定值。
- 颜色判定后，如果先打开舵机 A 所控制的阀门，舵机 B、舵机 C 往往来不及确认正确通道。因此，在颜色传感器判断正确颜色后，舵机 B、舵机 C 先打开颜色块对应的正确通道，然后舵机 A 再放行。

 如果众多的颜色块"排队"连续监测，以上装置可能会遇到怎样的问题？应如何改进？程序又该如何调整？

第 22 课　观色搬运机器人

 任务导航　设计制作能识别箱体颜色、检测路口颜色标志并运送到相应区域的机器人。

 问题思考　一般使用什么传感器来检测颜色？在 mBlock 5 中，颜色传感器模块有哪些控件？机器人场地该如何设计？

 小试身手

一、3D 建模及打印

1. 红、绿、蓝箱体建模。

建模并打印三种颜色的箱体，注意按下图所示预留好安装条形磁铁的槽口。

按箱体高度建模并打印红色、绿色、蓝色的路口识别标志。也可使用木块等其他等高长方体，在其顶部粘贴相应颜色的纸张来代替箱体。

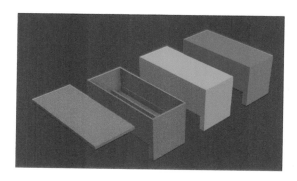

2. 构建由一个舵机驱动的简易起重装置。

注意要在起重臂上预留好磁感应器的安装位置，当箱体在起重臂上时，磁感应器开始吸合，然后通过条件语句触发相应动作。

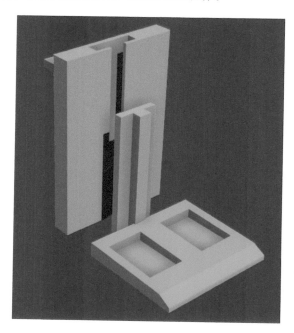

3. 构建并打印挡板，防止箱子在运送过程中脱落。组装实际效果如下图所示。

4. 构建并打印颜色传感器转动装置，如下图所示。

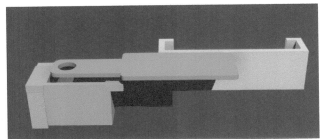

5. 所需器材：两个 9g 舵机、1 个颜色传感器、2 个磁感应传感器、2 个 RJ25 转接器、2 个巡线传感器、1 个 mBot Ranger 游侠机器人。

6. 整体安装效果如下图所示。

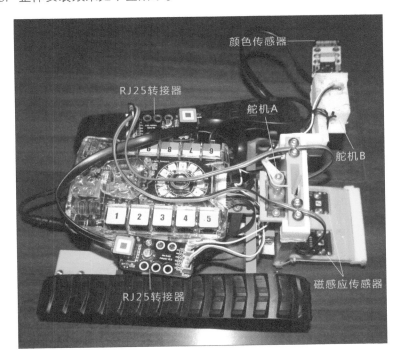

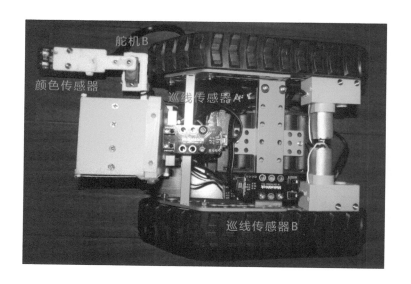

二、场地构建

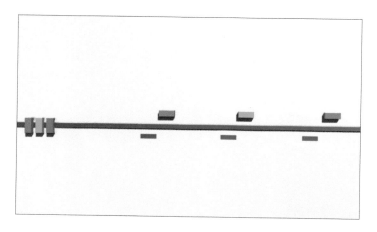

三、程序编制与调试

1. 启动 mBlock 5，添加 mBot Ranger 设备，在控件栏中添加百变小发明、创客平台及颜色传感器。因颜色传感器不支持在线调试，需将模式置于上传模式。

2. 编制并上传程序，检验打印的彩色箱子、路标能否被正确识别。

3. 各程序模块分别调试后整合如下，由于相对较为复杂，因此在自制积木控件里分别自建了 xunxian、quwu、lukou、fang 等模块，便于调用。

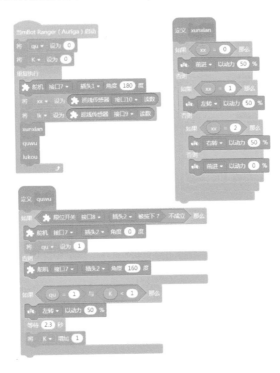

定义 lukou

如果 ⟨ lk = 0 ⟩ 那么
  如果 ⟨ 颜色传感器 接口6▼ R▼ 值 > 50 ⟩ 那么
    舵机 接口7▼ 插头1▼ 角度 0 度
    前进▼ 以动力 0 %
    等待 1 秒
    如果 ⟨ 颜色传感器 接口6▼ 检测到 红▼ ⟩ 那么
      fang
  否则
    前进▼ 以动力 50 %

  如果 ⟨ 颜色传感器 接口6▼ G▼ 值 > 50 ⟩ 那么
    舵机 接口7▼ 插头1▼ 角度 0 度
    前进▼ 以动力 0 %
    等待 1 秒
    如果 ⟨ 颜色传感器 接口6▼ 检测到 绿▼ ⟩ 那么
      fang
  否则
    前进▼ 以动力 50 %

  如果 ⟨ 颜色传感器 接口6▼ B▼ 值 > 50 ⟩ 那么
    舵机 接口7▼ 插头1▼ 角度 0 度
    前进▼ 以动力 0 %
    等待 1 秒
    如果 ⟨ 颜色传感器 接口6▼ 检测到 蓝▼ ⟩ 那么
      fang
  否则
    前进▼ 以动力 50 %

定义 fang

右转▼ 以动力 50 %
等待 1.2 秒
前进▼ 以动力 50 %
等待 1.2 秒
前进▼ 以动力 0 %
舵机 接口7▼ 插头1▼ 角度 160 度
前进▼ 以动力 0 %
等待 3 秒
后退▼ 以动力 50 %
等待 1.3 秒
右转▼ 以动力 50 %
等待 1.5 秒
将 qu▼ 设为 0
将 K▼ 设为 0

程序调试要点如下。

- 颜色传感器的两次检测间隔需大于 0.16 秒, 因此中间要增加 1 秒的等待时长, 同时为确保颜色传感器转臂在路口色块上方, 前进设为 0, 小车停止。

- 当接在9号口的巡线传感器检测到路口信号时，机器人先检测当前箱体的颜色，然后转动，检测路口色块的颜色，只有两者颜色一致时才执行左转并放置箱体的动作。
- 因场地摩擦力不同，以上左右转、前进等参数需要实际运行调试。
- 增设参数K，确保当箱体被举起时只完成一次左转动作。

你能在本项目的基础上独立创意设计一个机器人场景，并修改本课程的程序以适应新场景的要求吗？

第5篇

AI 智慧编程进阶篇

第 23 课　智分垃圾箱

任务导航	制作能通过图像识别垃圾并自动分类，完成打开相应垃圾箱动作的智能装置。
问题思考	你了解 mBlock 5 中的机器学习模块吗？图像识别垃圾种类后的深度学习结果如何利用？垃圾箱的动力系统应怎样构建？

 小试身手

一、利用 mBlock 5 机器学习模块训练模型

（1）连接摄像头并启动 mBlock 5，在角色中添加模块"机器学习"。

（2）进行模型训练。

（3）选择新建模型，数量为"4"。

新建模型　×

模型分类数量：

4

取消　确定

（4）选取牛奶盒、果皮、废电池及餐巾纸，进行深度学习。

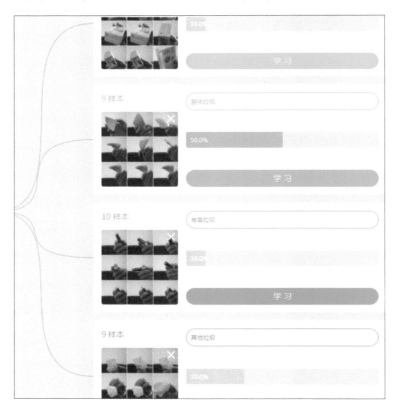

（5）使用模型观察识别结果有何问题？如何改进？

二、编制图像识别智能垃圾分类装置 1.0 版程序

要求：使用机器学习结果，识别分类并说出是什么垃圾。

使用学习结果编制 1.0 版垃圾识别程序。

为了避免在无垃圾状态下产生的误判，除了上述 4 种垃圾之外，新增无垃圾状态，因此在新建模型时模型数量需选择 5。

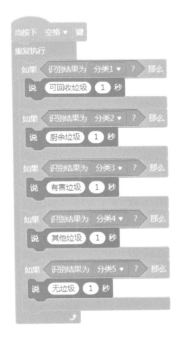

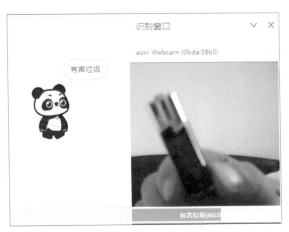

三、编制图像识别智能垃圾分类装置 2.0 版程序

要求：使用机器学习结果，识别分类并说出是什么垃圾，光环板同时显示相应的颜色：可回收垃圾——绿色，厨余垃圾——黄色，有害垃圾——红色，其他垃圾——蓝色，无垃圾——黑色。

（1）编制识别程序，变量 SB 用于传递识别结果。

当按下 空格▼ 键
重复执行
 如果 识别结果为 分类1▼ ? 那么
  将 SB▼ 设为 1
  说 可回收垃圾 1 秒
 如果 识别结果为 分类2▼ ? 那么
  将 SB▼ 设为 2
  说 厨余垃圾 1 秒
 如果 识别结果为 分类3▼ ? 那么
  将 SB▼ 设为 3
  说 有害垃圾 1 秒
 如果 识别结果为 分类4▼ ? 那么
  将 SB▼ 设为 4
  说 其他垃圾 1 秒
 将 SB▼ 设为 5
 说 无垃圾 1 秒

（2）添加设备"光环板"并进行固件更新，保证连接正确。

当按下 空格▼ 键
重复执行
 如果 SB = 1 那么
  全部LED显示 色
 如果 SB = 2 那么
  全部LED显示 色
  等待 3 秒
 如果 SB = 3 那么
  全部LED显示 色
  等待 3 秒
 如果 SB = 4 那么
  全部LED显示 色
  等待 3 秒
 如果 SB = 5 那么
  全部LED显示 色

四、编制图像识别智能垃圾分类装置 3.0 版程序

要求：能图像识别垃圾种类，并自动打开相应的垃圾箱。

（1）3D 模型构建。

（2）编制程序，机器学习部分同 2.0 版，光环板部分如下。

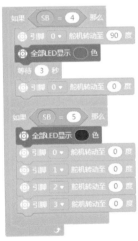

（3）程序调试要点如下。

· LED 显示速率较快，所以设置较少的等待时间，而舵机打开垃圾箱盖、等待垃圾入箱及合上盖子需要较长的等待时间，因而设为 3 秒。

· 提高识别准确率：增大数据量，不同种类不同角度不同形状的图像数据分别进行录入。程序方面可以尝试加入识别嵌套，减少误判的发生。

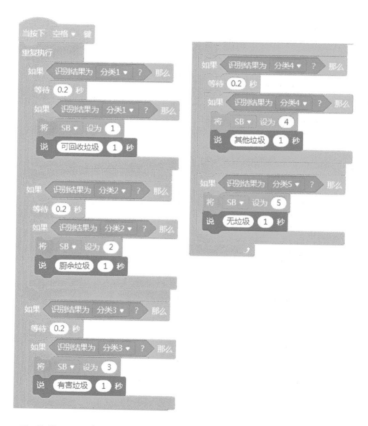

· 设置第 5 种情况即摄像头前无垃圾，输入图片数据时需转动摄像头以确保输入样本数据有效。

· 调试时如果是计算机 USB 供电，会遇到某个 USB 电压不足而使舵机无法正常启用的问题，此时换一个 USB 接口或接外部电源即可。

（4）整体安装效果图如下。

 你能利用本课所学知识创意设计一个图像智能识别的实用案例吗？

第 24 课　智能义掌

 制作一个能语音控制的智能义掌，完成松手、握手等动作。

 义掌控制需要利用光环板的哪些功能？一块光环板只能控制 4 个舵机，如何解决控制 5 个手指的问题？

一、了解神工一号

神工一号是天津大学研制的人工神经康复机器人，是全球首台适用于全肢体中风康复的"纯意念控制"人工神经机器人系统。与在世界杯上亮相的脑控机械外骨骼相比，神工一号能够真正实现大脑皮层与肌肉活动的同步耦合，做到身随意动、思行合一。今天我们学习制作能语音识别命令的智能义掌。

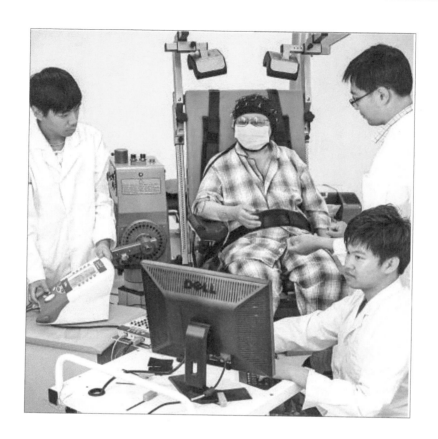

二、查看 3D 模型及打印

（1）打开配套资源中的 3D 模型。

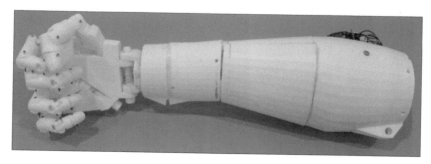

（2）3D 打印相关组件。

手指关节组件

手掌组件

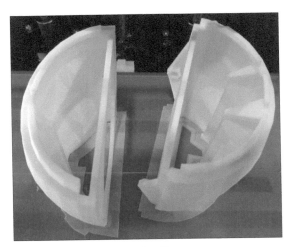

胳膊组件

三、组件安装与调试

（1）手指与手掌安装，穿传动线时注意在小指处需打结。另外，传动线建议采用钓鱼线或风筝线。

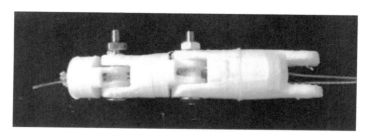

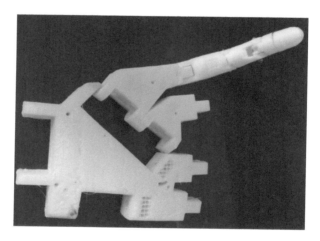

（2）用 M1.6 304 不锈钢十字沉头平头螺丝钉将各关节及手掌连成一体。

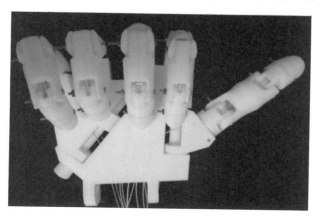

（3）9g舵机安装到位，控制线与舵机连接，5个舵机分别控制5个手指。

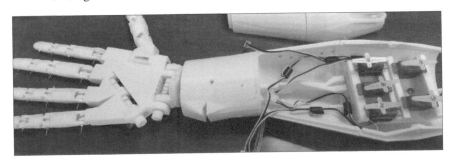

（4）转动舵机调试各手指，查看手指是否能伸缩自如，如阻力较大，
需对模型进行相应打磨。

（5）5个舵机与两块光环板的连接过程中，为确保连接的可靠性，建
议用电烙铁焊接相关接头。

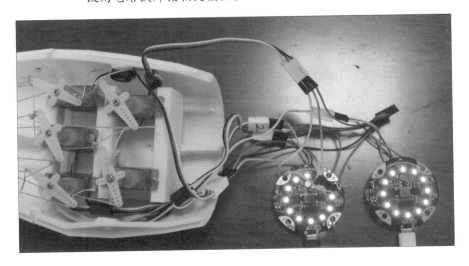

四、mBlock 5 编程控制

（1）小指、无名指、中指及食指控制程序。

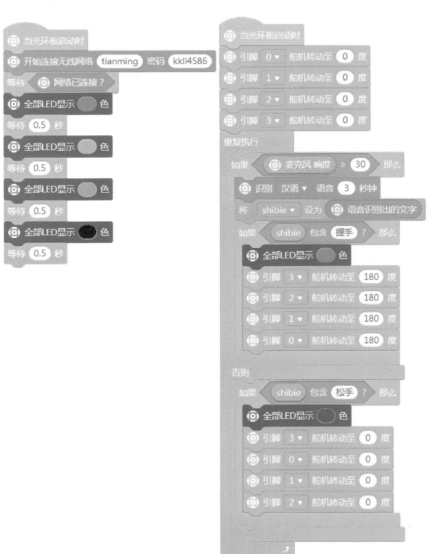

（2）大拇指控制程序（另加一块光环板）。

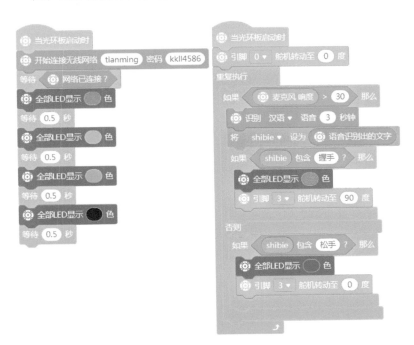

五、程序调试要点

（1）因 9g 舵机动力有限，各关节需活动自如，用 1.6mm 螺丝连接后要用锉刀反复打磨测试。

（2）舵机之间要确保转动无冲突，如遇冲突建议垫高某舵机使其动力臂不在同一平面。

（3）两块光环板上传的程序均用语音识别，然后实现联动。之间可采用建局域网，用云广播形式达到同步。

（4）两块光环板可用两条 USB 线连接到计算机，连接及上传程序时需注意所在的 COM 端口。

（5）语音识别需要在平台上进行，因此需要登录 mBlock 5 账号。

（6）光环板在焊接时注意焊锡不要滴到其他部位以免造成短路。另外，电烙铁头在光环板上不可停留过长时间，以免覆铜板损坏。

你能在今天所编程序基础上制作一个能跟你玩 "石头剪刀布" 游戏的机器人吗?

具体要求如下:

1.0 版, 机器人随机出石头、剪刀或布。

2.0 版, 机器人随机出石头、剪刀或布, 并图像识别对手 (人类) 所出, 自动积分。

1.0 版示例程序如下。

• 大拇指控制程序。

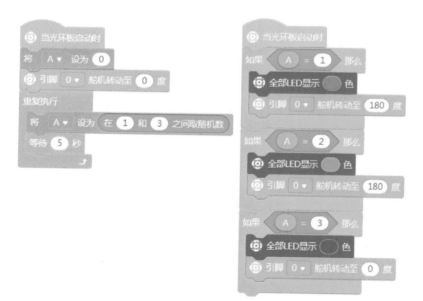

• 其他 4 指控制程序。

2.0 版建议参照第 23 课进行制作。

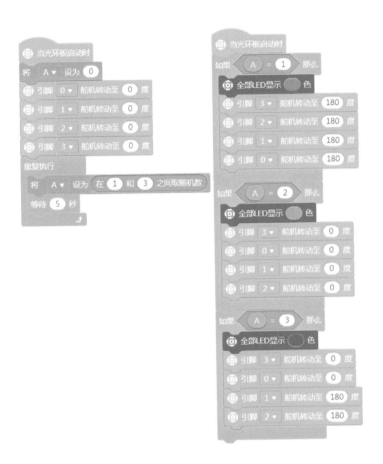

第25课　智行拉杆箱

任务导航	利用 mBlock 5 及 mbuild 视觉模块制作一个能跟随主人行进的智行拉杆箱。
问题思考	要让拉杆箱自动跟随，与主人形影不离，你认为需要哪些硬件进行配合？编程时又要运用哪些模块？

小试身手

一、关于自动跟随拉杆箱

拖着沉重的行李箱旅行的日子，可能很快就会成为过去，这要归功于一种人工智能行李箱，它会像一只训练有素的宠物那样跟随主人。行李箱具有传感器和四轮驱动滚动轮以帮助它避开障碍物，同时还有广角摄像头图像识别和激光雷达轮廓扫描姿势锁定来跟踪"主人"。内置射频定位模块，与手环一对一匹配，实现 10cm 精准定位。每秒刷新位置 20 次，所以即使在人群中也绝不会跟错目标。

二、初识 mbuild 视觉模块

mbuild 是 Makeblock（童心制物）研发的新一代电子模块平台，它在极度小巧的同时又高度智能，涵盖丰富的电子模块功能，并能与主流开源硬件结合使用。mbuild 电子模块无须编程即可使用，也能通过 mBlock 或 MU 以积木块或 Python 的方式对其编程进行控制。它分能源类、通信类、交互类、传感器类等 10 大类，本课要使用的是传感器类中的视觉模块。

1. 视觉模块主件。

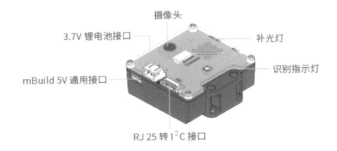

2. 配套电源组件。

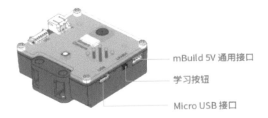

3. 与 mBot 小车的连接（目前该组件不支持 Ranger 游侠机器人）。

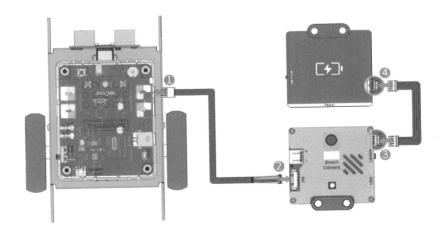

三、学习察言观色，赋能自动跟随

1. 启动 mBlock 5 并在设备栏添加"视觉模块"。

视觉模块
开发者：mBlock
mbot的视觉模块扩展

2. 视觉模块学习"主人"颜色。

学习步骤如下。

（1）长按学习按钮，直到识别指示灯亮红色时松开。

（2）将要学习的色块（狮子或打印好的其他卡通动物）放到摄像头正前方。

（3）观察视觉模块正面或背面的识别指示灯，同时缓慢移动需要学习的物体直至指示灯的颜色与被学习物体的颜色一致。

（4）短按学习按钮记录当前学习的物体。

（5）学习成功，当摄像头识别到已学习的物体时，彩色指示灯颜色会与被识别物体的颜色一致。

3. 运用"视觉模块色块识别"中的相应控件（见下图），编制"形影不离"程序。

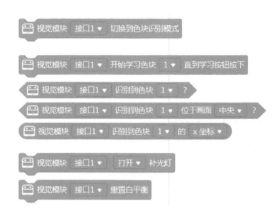

```
当mBot(mCore)启动
  视觉模块  接口3 ▼  切换到色块识别模式
  视觉模块  接口3 ▼  打开 ▼  补光灯
重复执行
  如果  视觉模块  接口3 ▼  识别到色块  1 ▼  位于画面  上方 ▼  ?  那么
    前进 ▼  以动力 50 %
  否则
    如果  视觉模块  接口3 ▼  识别到色块  1 ▼  位于画面  下方 ▼  ?  那么
      后退 ▼  以动力 50 %
    否则
      如果  视觉模块  接口3 ▼  识别到色块  1 ▼  位于画面  左边 ▼  ?  那么
        左转 ▼  以动力 50 %
      否则
        如果  视觉模块  接口3 ▼  识别到色块  1 ▼  位于画面  右边 ▼  ?  那么
          右转 ▼  以动力 50 %
        否则
          停止运动
```

4. 程序调试要点。

- 由于环境灯光的变化会导致误判发生，因此建议打开补光灯。
- "主人"移动速度不可过快，视觉模块反应及 mBot 小车跟进都需要时间。
- 鉴于其运动模式取决于识别目标物在视觉模块"眼中"所处上下左右的位置，因此建议使用其配套的 120° 安装支架，使模块处于"俯视"状态，以避免远处色块的干扰。

5. 调试实景。

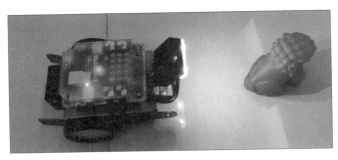

6. 3D 建模旅行箱，与 mBot 小车自成一体。

7. 调试运行。

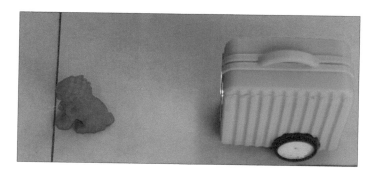

 你能运用本课所学知识制作一个"旅行箱"自动巡线入库的程序吗？如果有两个视觉模块可同时运作你又会产生怎样的创意金点子？

第 26 课 智扫机器人

 制作一个智能扫地机器人，能判别前面的障碍物并转向，可以作简单规划，有效清扫地面灰尘，灰尘积聚后还可以集中清理。

 现在的扫地机器人的工作原理是什么？在现有游侠机器人的基础上我们又该如何设计一个可以巧妙衔接的吸尘装置？

一、了解扫地机器人的工作原理

1. 机器人有哪些传感器？

多数扫地机器人都配备了超声波传感器，运用超声波判断与前方物体的距离，从而避免碰撞或缓慢轻碰家具。部分扫地机在尘盒附近还有一个灰尘传感器，通过吸入垃圾量的多少产生回声来判断地面的洁净程度，如果检测到地面垃圾比较多，扫地机器人会进入螺旋清扫模式，集中清理该区域的垃圾，在清洁效率上更进一步。

2. 机器是如何清扫的？

扫地机器人的工作过程一般分为"扫"和"吸"两个步骤，"扫"靠的是位于前部的两个边刷，而"吸"则是通过内部电机产生的吸力将垃圾送入尘盒中。不少扫地机器人还在吸尘口加入了滚刷，垃圾被边刷扫到吸尘口后，经过滚刷再送入尘盒中，能够对地面进行更加有效的清洁。

3. 机器人的行走轨迹是怎样的？

多数扫地机器人都进行规划清扫，它的行走路线多为弓字型，这样的覆盖率更高。当扫地机器人完成清洁工作或电量不足时，会自动回到充电底座上充电，为下一次清扫做好准备。

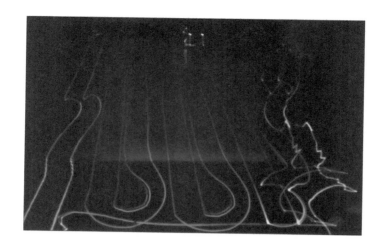

二、智扫机器人机械部分制作

　　1. 3ds Max 建模。

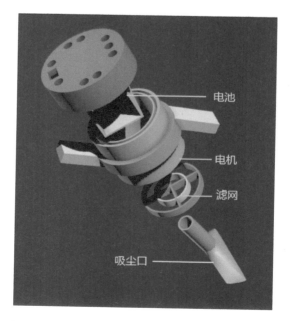

　　2. 3D 打印组件，组装调试。

　　（1）灰尘滤网制作。如下图所示，在 3D 打印构件上用热胶枪固定滤网。

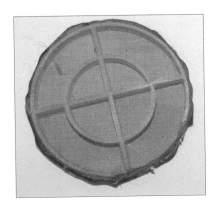

（2）电池、吸嘴、风扇与塑料瓶的巧妙整合。

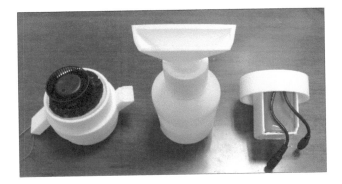

3. 整体效果图。

三、mBlock 5 编程，智扫灰尘

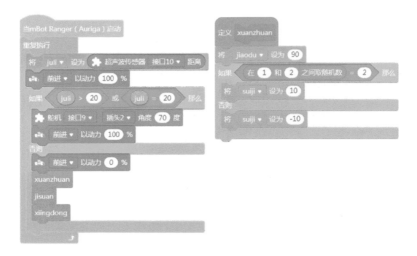

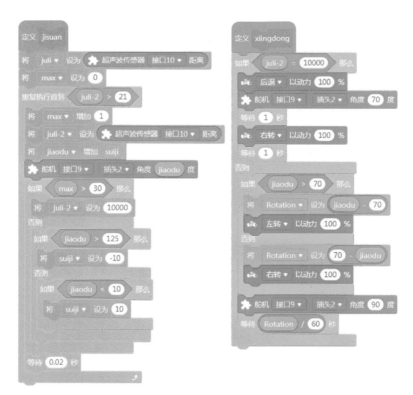

程序调试要点如下。

- 上述程序在遇到障碍时选择随机，因此可应对任何场地，若有确定的长方形场地，为提高效率可修改转向模块的程序。
- 电池若过重可能导致吸尘口触碰地面，建议采用自重较轻的电池，或者将电池置于主控板上。
- 本装置吸尘部分为开关控制，也可用 RJ25 接继电器程序进行控制。

| 你认为本装置还应该增加什么功能？你准备通过添加哪些传感器来实现？程序又该如何修改？ |

第 27 课　智能售货机

用光环板或本书附录中介绍的相关器材制作一个无人值守售货机。

你亲身体验过在无人值守售货机上购买物品吗？具体操作流程是怎样的？如果让你设计制作一个智能售货机，你准备用哪些器材来实现？

一、了解自动售货机的原理

　　自动售货机是商业自动化的常用设备，它不受时间、地点的限制，能节省人力、方便交易。自动售货机是一种全新的商业零售形式，又被称为 24 小时营业的微型超市，一般分为饮料自动售货机、食品自动售货机、综合自动售货机 3 种。其工作原理：每一件商品的下面都有一个按钮（我们看到的商品其实都是样品，买到的商品是存放在自动售货机仓库里面的），当按动按钮时，与商品对应的仓库门就会打开，这时，我们就会收到想要的商品了！自动售货机是机电一体化的自动化装置，在接收到货币已输入的前提下，靠触摸控制按钮输入信号使控制器启动相关位置的机械装置完成交易。

二、激光雕刻结构件，组装智能售货机

1. 创意目标。

当插入专用货币时，自动将货币入盒，然后释放一颗巧克力球。光环板相应地用 LED 提示已售及可售巧克力的颗数。当货币过小或检测未通过则自动吐出返还顾客。

2. 货币制作。

激光切割亚克力板，中间预留磁钢位置，使用热胶将二者合二为一。下图所示为使用 2mm 亚克力板，外圆直径为 36mm，内圆直径为 11mm。

三、硬件连接，机械调试

1. 所需硬件：3 个 9g 舵机，1 块光环板，1 个磁敏传感器。

磁敏传感器可以检测模块周围是否有磁体，此传感器与光环板配套使用，用来检测"货币"。

2. 连接示意图。

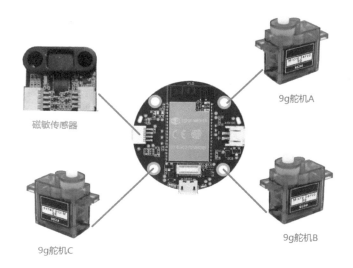

3. 机械调试。

四、在线编程，自动赋能

1. 由于目前 mBlock 仅在线版支持磁敏传感器，因此需要进入 mBlock 在线版。

2. 当连接硬件时会有以下提示。

3. 此时请前往下载 mLinkSetup 驱动程序并安装。

4. 连接并添加光环板硬件设备。

5. 在"添加扩展"中添加磁敏传感器，添加成功后会出现绿色控件。

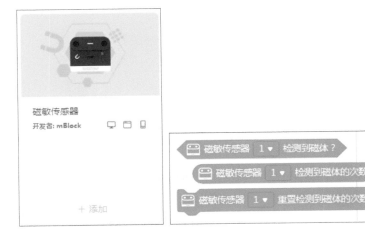

6. 编制程序，上传调试。

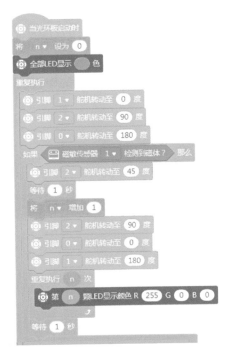

7. 程序调试要点。

- 舵机的初始位置在安装时要确认好。
- 磁敏传感器用热胶贴于"货币"导入槽下面。
- 变量 n 用于统计已售（红色）及可售（绿色）货物数量。因光环板 LED 为 12 颗，如待售超过 12 个如 24 个，建议 1 颗 LED 代表 2 个货物，当所剩货物为单数时红绿交替闪烁显示。
- 牛皮筋的弹力与球孔的间距需要反复调试确认，以舵机拉动后自动出球，复位后能顺利落球为目标。

五、机械部分组装

1. 投币装置。

磁敏传感器用热胶固定在滑板之下

加装舵机"闸门"及储币盒

2. 出球控制装置。

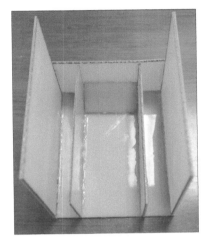 

图 A　出球装置底座示意图　　　　图 B　出球装置整合示意图

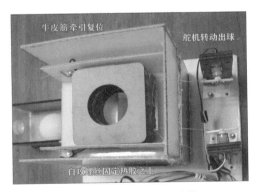

图 C　增加动力系统的出球装置

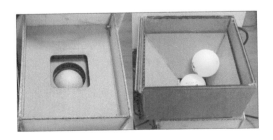

图 D　再增加隔板及储球盒

3. 整机效果图。

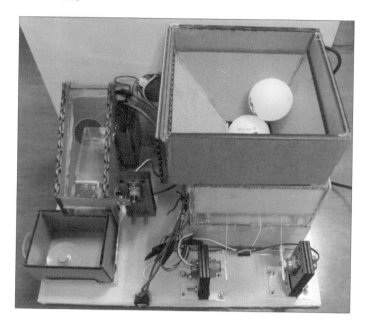

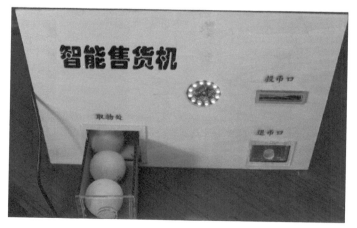

当货物数量增加到 24 时，你能修改以上程序使其正确显示已售及待售数量吗？

第 28 课　智伴蓝精灵

	利用第 2 课介绍的 MXPVT-VBS7100 工程板，创意制作类似"小爱同学"的陪伴机器人，实现创意互动及智能问答等功能。
	MXPVT-VBS7100 工程板是如何与人实现问答交流的？如何巧妙利用光环板的语音辨识功能，直接用语音进行控制？你准备再叠加哪些互动功能？

一、光环板与 MXPVT-VBS7100 工程板的整合互动

MXPVT-VBS7100 工程板（见下图）在按 AI 键，扬声器发出"嘟"声后即可语音互动。于是在 AI 键两端焊接导线接到继电器，下图所示继电器 A、B、C 端口则分别接光环板的 VCC、GND 及触摸口。

二、 叠加更多创意互动

1. 互动创意目标：当听到"小周同学"的呼唤时，蓝精灵眼球转动并发光。
2. 3ds Max 建模。

3. 眼球组件的组装。

注意两颗 LED 分别加装 $200\,\Omega$ 限流电阻后再接 3V 继电器进行控制。

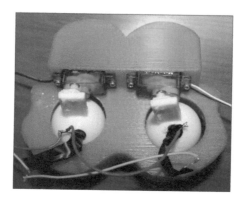

三、程序上传至光环板

1. 光环板控制示意图。

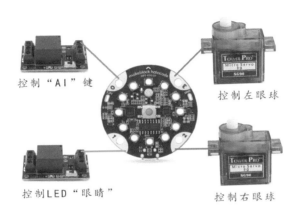

控制 "AI" 键　　控制左眼球

控制LED "眼睛"　　控制右眼球

2. 整体效果图。

3. 程序调试要点。

- 因光环板使用 3.7V 锂电池供电, 因此其控制的两个继电器相应采用 3V 的相关产品。
- 下列程序中的 0、3 端口分别控制的是两个驱动眼球转动的舵机, 1、2 端口则控制两个继电器, 一个继电器控制 MXPVT-VBS7100 工程板上的 AI 键, 另一个则控制 LED。

- 由于 USB 供电电流有限，当光环板 4 个端口同时输出时需要外接 3.7V 锂电池。
- 4 个端口的控制建议先进行单个调试，均无问题后再整机运行。

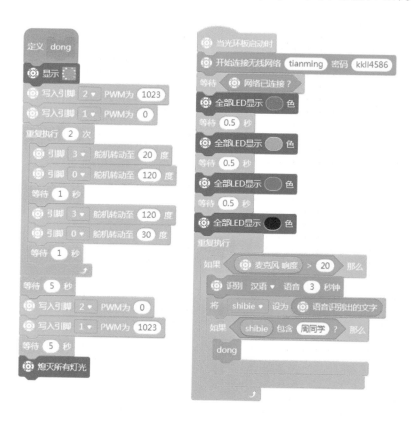

 如果你是产品设计者或是未来的产品使用者，你希望产品能新增哪些功能？

第 6 篇

教学案例篇

案例 1　3D 智能垃圾箱模型构建

教学目标

1. 巩固 3ds Max 放样命令的使用。
2. 学习多截面放样构建 3D 垃圾箱，理解放样路径的起点与终点。
3. 熟练使用壳命令构建 3D 模型。
4. 能结合创意想象，模拟构建垃圾分类 3D 场景。

教学重点、难点

多截面放样命令的使用。

教学准备

3D 打印垃圾箱模型，垃圾箱构建教学微视频等。

教学过程

一、垃圾分类智能装置创意讨论

1. 推进垃圾分类显然有利于什么？（保护环境）你认为目前推进垃圾分类有什么障碍？如何解决？
2. 讨论垃圾分类智能装置的设计。（学生汇报方案）

PPT 展示微视频，实物展示并分发传阅 3D 垃圾箱模型。

3. 揭示课题：3D 智能垃圾箱模型构建。

二、智能垃圾箱模型构建

1. 任务一：构建垃圾箱。

（1）视频播放智能垃圾箱，观察垃圾箱的哪些部件需要构建模型？

（板书：3D 垃圾箱——尺寸）

谁来说说首先要构建的垃圾箱 3D 模型有什么特点？

用我们已学的 3D 建模命令可以怎样来构建？

（放样、变形、布尔）

（2）分解步骤：先在图形面板中选取矩形命令，构建矩形 80mm×80mm 及 70mm×70mm 各一个，观察 3D 打印垃圾箱成品，你认为下一步应该如何操作？（学生上台演示）

（3）如果上下两面均为 70mm×70mm，你会构建吗？现在要求的顶面是 80mm×80mm，你认为可以怎样处理？

（挤出、单截面放样与变形）

（4）有没有同学会进行多截面放样？教师演示如何进行多截面放样。

提示：线从上往下画，上端路径为 0，下端路径为 100。

线从下往上画，下端路径为 0，上端路径为 100。

（PPT：路径 0 为绘制起点，100 为绘制终点）

（5）学生完成任务一，提醒观察还需要输入什么？

文字的输入要点在学案上，可供学生参考。提醒学生可以从学案及教学微视频中获得帮助。先完成的同学可以帮助身边的同学。

小结：垃圾箱构建中我们用到了哪些命令？

（板书：多截面放样、转换可编辑多边形、壳）

2. 任务二：构建垃圾箱基座。

（1）PPT 介绍创意及舵机，你知道为什么要采用盖子与垃圾箱本体分离的设计？对于目前的垃圾箱基座构建而言，你认为这个有关舵机的说明中最重要的信息是什么？

（2）说说准备如何创建？PPT 显示其尺寸，请一位学生上机演示，按学案构建，快的同学继续完成垃圾箱盖的制作，提醒学生注意与舵机连接部分的圆孔设计。

3. 任务三：构建垃圾箱盖（刚完成的学生演示指导，先完成的同伴协助）。

小结：垃圾箱盖的构建中用到了哪些命令？

（板书：挤出、超级布尔）

三、创意想象与拓展

如果对现有垃圾分类系统进行升级，你认为还可以在哪些方面着手？

（是否可以将垃圾倒入传送带，然后传送带可以自动识别，垃圾自动入箱。）

先完成的同学可以完成拓展任务，其他同学则继续完成基本任务。

四、本课小结

今天这堂课你最感兴趣或最有收获的环节是什么？

遇到的最大障碍或困难是什么？是如何解决的？

3D 智能垃圾箱模型构建

一、多截面放样

1. 在图形面板中使用矩形命令绘制 70mm×70mm 及 80mm×80mm 的正方形，然后利用右键菜单转换为可编辑样条线，选择修改—顶点命令进行圆角处理（圆角参数选择 11mm），再从下往上绘制一条长为 120mm 的线段（按住 Shift 键绘制，建议先画一个边长为 120mm 的正方形作为参照物）。

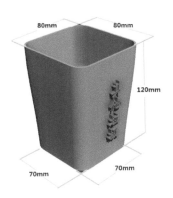

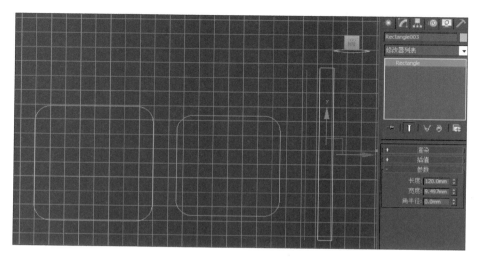

2. 当前路径选择直线，再选择复合对象下的放样命令，单击截取图形，注意初始"路径"为 0.0，单击选择 70mm × 70mm 的圆角矩形。

3. 修改"路径"参数为 100，单击选择 80mm × 80mm 的圆角矩形。

4. 利用右键菜单转换为可编辑多边形。

5. 在修改菜单中选择多边形命令，单击 80mm × 80mm 的圆角矩形，按 Delete 键删除。再选择修改器列表中的壳命令，输入模型面壁厚度。

二、壳命令的使用

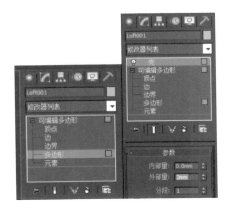

三、文字输入要点

注意字体选择前面带"@"的字体。

四、垃圾箱基座构建要点

注意用超级布尔命令给舵机留好安装位置（15 mm×25mm×30mm），基座挤出数量为80mm。

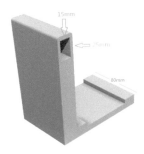

五、垃圾箱盖的尺寸要求

1. 箱盖为 80mm×80mm 的圆角矩形，厚度为 2mm。
2. 与舵机结合部分为 45mm×13mm 的圆角矩形。为了舵机转臂的安装需要，需开半径为 4mm 的圆孔。此部件厚度也是 2mm。

案例 2 垃圾分类智能识别

教学目标

1. 初步掌握 mBlock 5 机器学习模块的下载及模型训练的方法。
2. 学会在 mBlock 5 中调用机器学习结果并在舞台上实时显示垃圾分类结果。
3. 能整合光环板 LED 功能，运用变量传递命令使 LED 能提示垃圾分类信息。
4. 了解深度学习的相关知识及有监督学习与无监督学习的区别。

教学重点、难点

驱动光环板 LED 显示垃圾分类结果。

教学准备

每组一块光环板、USB 连接线、一个免驱摄像头、学案、PPT、3D 打印垃圾箱组件（拓展演示用）、小奖品（3D 打印物件）、垃圾分类 3.0 及 4.0 版微视频。

（之前准备：光环板的连接调试，LED 模块小程序尝试，视频连接调试，摄像驱动，mBlock 5 安装、试验，打开训练模型进行训练试验，了解班情、极域电子教室上传文件训练，随机分组游戏，尝试人脸识别的数据导入，尝试光环板随机数 1~5，然后亮相应绿黄红蓝。准备秘笈：变量的使用、颜色及对应的垃圾提示。）

教学过程

PPT 出示评分标准。

课前玩一个分组游戏：mBlock 5 随机分组，大家喊停时停止，看看有没有明显不合理的地方。

一、讨论垃圾分类的意义及标准

1. 垃圾分类工作就是新时尚，垃圾分类能随机吗？下面是关于垃圾分类的相关知识，阅读之后你了解了什么？谁来划分一下重点？

PPT 背景知识：率先进行垃圾分类试点的上海每天的生活垃圾中目前已有 1.7 万吨可以资源化利用，填埋比例已下降至 30% 以下。而上海的近期目标是：到 2022 年要实现原生生活垃圾零填埋。为了统一各地垃圾分类标准，住建部近日发布了《生活垃圾分类标志》新版标准。生活垃圾的类别被调整为可回收垃圾、有害垃圾、厨余垃圾和其他垃圾 4 个大类 11 个小类。

2. 你认为实施垃圾分类的难点在哪里？

3. 出示课题：垃圾分类智能提示装置制作。

二、学习训练模型，完成垃圾分类 1.0 版

摄像头能让计算机看到，但不能让它看见，有个成语叫做视而不见，要使计算机看见今天摆在大家面前的四种垃圾，需要用如今人工智能领域发展得比较好的图像识别技术，它主要使用了机器学习的方法，下面继续阅读一个关于机器学习及深度学习的小资料。阅读之后说说你修补了哪些知识？

1. 了解机器学习与深度学习。

机器学习（Machine Learning，ML）是人工智能的子领域，也是人工智能的核心。它囊括了几乎所有对世界影响最大的方法（包括深度学习）。机器学习理论主要是设计和分析一些让计算机可以自动学习的算法。深度学习（Deep Learning，DL）属于机器学习的子类。它的灵感来源于人类大脑的工作方式，是利用深度神经网络来解决特征表达的一种学习过程。深度学习又分监督学习

与无监督学习。监督学习即人工给定一组数据，每个数据都有标签。无监督学习中，数据是没有标签的。

2. 启动 mBlock 5，下载"机器学习"模块。

（1）观察训练模型中有哪些命令？新建模型数量我们应该输入多少？

（2）教师演示单击"角色"，在右下角处单击"添加扩展"，下载机器学习模块。然后创建训练模型，观察模型数量为 4 的识别结果，出现什么问题？如何避免？

（3）尝试训练模型。

摄像头对准牛奶盒，图像清晰后单击"学习"，一张图片（数据）就录入到分类 1 中。你认为一张图片够不够？还需要录入哪些大数据？

分类 1 其实对应的是什么垃圾？那么其他的三项分类是否也可以改成相应的垃圾分类？在以后的程序设计中我们也要养成给程序贴上相应的标识或标签的好习惯。

3. 1.0 版，机器学习，训练模型。

任务一：给四大类垃圾与"无垃圾"分别录入大数据（以牛奶盒、橘子皮、废电池、餐巾纸为例），注意先完成的组进行组间互助。

学生演示模型识别结果。

（板书：1.0 版 机器学习 训练模型）

提示要点：摄像头要相对固定，拍摄速度不可过快。

4. 2.0 版，图像识别，说出分类。

观察机器模型的控件在哪里？你认为我们应该如何调用相关控件，完成小熊猫提示垃圾分类识别结果的设计？学生讨论后演示。

（板书：2.0 版 图像识别 说出分类）

任务二：完成图像识别分类提示装置 2.0 版，要求调用机器学习识别结果，小熊猫能说出垃圾的分类识别结果。

学生演示 2.0 版程序的运行结果。

5. 3.0 版，整合光环，显示分类。

结合课前对光环板的认识，能否整合其 LED 功能对提示装置进行版本升级？

学生讨论后，演示步骤。

    （1）连接光环板。

    （2）在设备栏添加光环板。

    （3）光环板 LED 显示的控件有哪些？要实现 LED 显示相应垃圾种类颜色还要解决什么问题？如何在角色与设备中进行"通信"？（设置变量）谁能说说自己的初步想法？

（板书：3.0 版 整合光环 显示分类）

任务三：学生尝试完成垃圾提示装置 3.0 版，要求光环板能同步显示相应垃圾的颜色。完成后保存文件以小组命名上传教师机。

拓展想象，进行 3.0 版设计。

6. 4.0 版，驱动舵机，自动翻盖。

    （1）谈话：刚才我们整合了光环板的 LED 功能，成功让垃圾分类的结果跳出了屏幕，实现了装置的版本升级。如果你是一个产品设计师，而客户还不满意，你预计客户会有怎样的需求？该装置还能实现哪些扩展功能？

（PPT，乔布斯曾说，"你不能只问顾客要什么，然后想法子给他们做什么。等你做出来，他们已经另有新欢了"。）

任务四：小组进行 4.0 版本设计。

（2）展示设计结果，学生一人主讲，其他人可以补充。

（3）展示 3D 打印垃圾箱，演示 4.0 版实物模型，播放识别视频。

（板书：4.0 版 驱动舵机 自动翻盖）

想一想，程序又该如何修改？学生观察引脚模块，尝试把程序改成 4.0 版并上传教师机，PPT 展示自评及上传文件要求（学生姓名 A+ 自评 + 学生姓名 B+ 自评）。（视时间而定）

三、本课小结

（1）今天的学习你有什么感受？你遇到的难题是什么？最后是怎样解决的？

（2）机器学习是 AI 的核心，至少目前看是如此，深度学习是机器学习的子项目，它又分为监督学习与无监督学习，你认为今天我们的图像识别垃圾分类装置属于哪一类？为什么？

（3）创意无极限，5.0 版及更具智慧的设计来自于你的想象。课后同学们可以继续思考，有好的建议可以发送到邮箱 50108461@ qq.com。

（板书：5.0 版 ********）

附录

附录 1　本书配套硬件清单

本书配套硬件清单如下。

名称	数量	备注	选择类型
Mu Auriga 主控板	1		
180 光电编码电机	2		
Makeblock 超声波传感器 V3.0	1	mBot Ranger 游侠 Stem 机器人套件	必选
巡线模块 V2.2 11005	1		
18650 锂电池包（7.4V 2600mAh）和配套充电电源			
mBot 小车	1		必选
MXPVT-VBS7100 工程板	1	嵌入式物联网音频产品	必选
Makeblock 光环板单板	2		必选
mbuild 视觉模块组件	1		必选
台式计算机加高清摄像头	1	1080P，带麦克风，USB 免驱	必选
9g 舵机	6	若不重复使用则需 28 个	必选
磁感应传感器（RJ25 转接）	2		必选
光环板配套磁感应传感器	1		必选
RJ25 适配器	3		必选
巡线模块 V2.2 11005	2		必选
Makeblock 超声波传感器 V3.0	2		必选
颜色传感器	1		必选

续表

名称	数量	备注	选择类型
圆形磁铁	4		必选
3V 继电器	2		必选
蓝色 LED	2	直径 8mm	必选
12V 吸尘电机风扇	1	美的扫地机器人配件 R3-L061C 吸尘电机组件	必选
灰尘滤网	1	100mm × 100mm	必选
3.7V Makeblock mBot 专用锂电池	2	光环板使用	必选
MP3 模块	1		必选
电子发声器（模拟猫）	1		必选
304 不锈钢平头沉头十字小机螺丝钉 M1.6	若干		必选
磁钢吸铁石	若干		必选
12V 锂电池	1		必选
碰撞传感器	1		必选

以上配件均为保证机器人搭建最低数量配置，或者说标注为项目最大所需数量。

附录 2　配套器材推荐及说明

器材名称	示意图	功能说明
Me_Auriga 主控板		Me_Auriga 主板为 Orion 的升级版本，板载多个传感器，包括温度、光强、陀螺仪、声强检测等，支持无线蓝牙控制及蓝牙升级固件功能 PORT6 到 PORT10。可以同时兼容双数字、模拟串口功能，支持板载的编码电机接口、智能舵机接口、LED Ring 灯板

续表

器材名称	示意图	功能说明
巡线模块 V2.2 11005		巡线模块专为巡线机器人设计。它包含两个传感器，每个传感器有一个红外发射 LED 和一个红外感应光电晶体管，机器人能够沿着白色背景上的黑色线条移动，或是黑色背景上的白色线条移动，具有检测速度快，电路简单等优点。本模块接口是蓝色色标，说明是双数字口控制，需要连接到主板上带有蓝色标识的接口
电子发声器		当触发开关时该装置会模拟猫叫
Makeblock RJ25 适配器		它可以将 6P6C RJ25 连接器转换为两个共模信号（3Pin 防反插）连接器（VCC、GND 和一个 I/O）。用户也可以通过使用该产品将其他制造商生产的模块连接到 Me 系列模块：如将温度传感器连接到 Makeblock Orion
超声波传感器 V3.0		超声波传感器是一种用来探测障碍物距离的电子模块。Makeblock 超声波传感器 V3.0 的有效探测距离为 6cm ～ 400cm
180 光电编码电机		180 光电编码电机采用光编码器，可以高精度控制。基于特制的结构，它可以灵活地和各种其他零件组合使用。同时，得力于定制的材料，使得此款电机运行时噪音小，并保证长时间的大扭矩输出

续表

器材名称	示意图	功能说明
mBot 小车		mBlock 5 支持 mBot 小车，该小车有光线传感器、按钮、红外线接收模块、超声波传感、巡线传感器等输入装置。输出口主要有蜂鸣器、RGB LED、红外发送模块、两个电机接口等
视觉模块组		视觉模块是 Makeblcok 出品的 mBuild 电子模块之一，它能够识别条码和线条，也可以学习和识别颜色鲜艳的物体，实现如垃圾分类、智慧交通、物体追踪、智能巡线等功能。可以使用 3.7V 锂电池或 mBuild 电源模块连接到视觉模块为其供电
光环板		支持深度学习等人工智能体验，助力入门创新科技。使用微软的语音识别等认知服务，通过 mBlock 5 集成的 Google 深度学习应用，学生更可以体验机器学习的初级玩法
MXPVT-VBS7100 工程板		上海庆科推出的一款以 MX1290 和 MX1200 双处理器为核心的嵌入式物联网音频产品工程板
3V 继电器		用于 DIY 科技小制作，通过小功率控制器：单片机、传感器输出高电平或低电平控制继电器的吸合与释放，从而达到开关的作用。带电源指示灯（红色）和开关指示灯（绿色）

续表

器材名称	示意图	功能说明
台式电脑高清摄像头		1080P 直播摄像头带麦克风，USB 免驱，高清
颜色传感器		Me Clolr Sensor 是一款可识别黑、黄、红、蓝、绿、白6种颜色的颜色传感器。本模块接口是蓝白标，说明是 I^2C 通信模式，需要连接到主板带有蓝白色标识的接口
12V 吸尘电机风扇		美的扫地机器人配件 R3-L061C 吸尘电机组件
Boshimaker MP3 模块		支持 MP3、WMA、WAV 文件。MP3 模块支持多个文件夹，每个文件夹下面可以放多个 MP3 文件，MP3 模块 TF 卡内的文件夹和音频文件按照文件索引排序播放